性感瘦

舞蹈名師 Vivian 教你

3 週打造蜜桃線 × S 曲線

性感達人 陳奕云 Vivian ／著

Preface

不只要瘦，更要性感！

「Vivian老師好久不見！你怎麼變得越來越美？而且更加年輕又性感！你到底是怎麼辦到的？」

「Vivian老師！我們都好懷念你的舞蹈課喔！因為只有上你的課才能有效瘦到該瘦的地方，你甚麼時候才會再來我們這裡開課啊？」

自從多年前，我開始將「性感瘦」的概念注入課程後，學員們的反應都非常好，我也常被問到：「為什麼這個課程上了會瘦？」

現在，先讓我們來做個小小的測驗：

Q：當你想到「性感」時，會出現什麼感覺及畫面？
Q：當你想到「減肥」時，又會出現什麼感覺及畫面？

我的答案是：

「性感」聽起來很撩人、美麗、有魅力！
畫面是：美麗的曲線、有夢想、目標！

「減肥」感覺有壓力、好累、很辛苦！
畫面是：我永遠都不夠瘦，我好胖！

性感跟減肥到底有什麼關連？這就要從我嘔心瀝血的心路歷程說起了！

我自己從小到大就是減肥達人，最慘痛的經驗，是在亞力山大歇業後，我從原本的「教課公務員」：每天上課1到3堂，每週高達滿堂數的15到20小時運動量，一下子銳減到近乎只有1/3的6到7小時，體重，也一度爆肥到穿什麼都像大嬸的程度。

當時為了瘦身，採用節食、大量做熱瑜伽的方式，雖然體重減輕了，體脂肪卻還是很高，而且整個人是水腫的，也常常生病。每次感冒都長達快一個月，直到吃類固醇才好，有時還會二次感冒。

這樣的我，心情總是跟著體重機的數字起起落落，每天都很不快樂，瘦身減重變成了一種壓力。

直到有一年，舞蹈班要辦成果展，為了能夠完美發表成果，除了具體的舞碼外，我將所有的心思都專注於「性感」上，讓由內而外的性感魅力及肢體語言，跳出與眾不同的性感氛圍。

在練習期間，我完全忘了「減肥」兩個字，取而代之的是日以繼夜的「性感」想法，加上原本就針對瘦身塑身很有效果的舞蹈動作，及將美姿動作融入日常生活中後……

意想不到的是，隨著成果展圓滿落幕，我的體重竟然回到25年前，衣服也小了兩號，就連體脂也下降，真是太神奇了！

在喜出望外的同時，我也才恍然大悟，深刻體驗到，原來要成功瘦身，「瘦」不是重點，「性感」才是。

同時，我親身經歷到想要成功瘦身的最高境界在於「不要為了瘦而去瘦」，一切都是為了性感，讓「變性感」成為動力，而不是為了變瘦才瘦，這麼一來，就不會覺得減肥很辛苦，也就不易復胖了。

打個比方：

「減肥」好像學生為了要應付考試而讀書；「性感」則是享受閱讀的樂趣及過程。

「減肥」好像是一些對身體有益、卻逼著自己去吃的食物；「性感」則是像水蜜桃一般，令人垂涎。

所以，「減肥」是辛苦的；而「性感瘦」是享受的！

我猜，這應該不是你所看過的第一本瘦身書，也想必在傳播媒體的耳濡目染之下，你對於減重瘦身的資訊也有相當的琢磨及涉獵。然而，在這些追瘦、追美、追緊實的背後動機，其實都是為了追求魅力、提升自信、增加吸引力——簡單兩個字就是「性感」。所以，當我們無所不用其極，想變瘦時，為何不正中紅心到終點目標：以「變性感」為動機？

「性感瘦」的首要心法在於：我們是為了要更健康美麗性感而瘦，而且瘦下來要是性感的。否則瘦成紙片人，或練成金鋼芭比，更甚者皮包骨、厭食症，不論瘦身怎麼樣的成功，一切都會是枉然！

從此，就讓「性感瘦」成為你的心法，當你想著以性感優先，為性感而瘦時，你就已經開始在「性感瘦」了！

接著，再進行本書針對各部位設計的性感瘦練習，你會驚喜地發現自己竟然可以一邊變瘦一邊變性感。更棒的是，當你瘦下來時，不會只是乾巴巴的瘦，而是結合了S曲線＋蜜桃線的全方面性感瘦！

After
體會到性感才是美麗關鍵，
現在的模樣~

Before
教有氧運動時期標準的金剛芭比

Contents

性感瘦

Contents

PART.**1**

性感瘦
九大概念

你就是迷人的
時尚性感小魔女

每期性感舞蹈班開新課時，我都會在第一堂開始上課前關心一下新學員的狀況與對課程的需求，也會請上過課的學員分享她們跳舞的感想或心得。

某次新班開課，我照例請學姊們跟新學員分享上課心得，她們不約而同地搶著說，上課好開心喔！有人說，男友覺得她上課後更有女人味了。有的說，朋友都異口同聲地說她變辣了！還有人被誇讚從村姑變正妹了！

更妙的是，有位跟著我學舞半年多的人妻嬌羞地說，她這次終於鼓起勇氣穿上性感蕾絲睡衣跳舞給老公看，她老公一看驚喜不已，讓他們夫妻倆感情更好了，好像回到新婚蜜月期，她老公也鼓勵她繼續跟我學習，她甚至興奮地說一定要跟著我跳舞一輩子。

這位人妻學員也鼓勵新學員一定要堅持下去，她以自身為例開玩笑說，想當初她上第一堂課，動作僵硬得像在做復健一樣，但因為Vivian老師不藏私，細心教學與清楚的分解動作說明，她已經越跳越得心應手了，最後還很大方地撩起上衣秀出她的小蠻腰。

「性感瘦」有什麼魔法能讓平凡的上班族，搖身一變成了正妹、辣妹？又為何能讓原本保守害羞的人妻，勇於展現性感，變身火辣嬌妻？

其中的秘密就在於，「性感瘦」是我以六大最具性感特質的舞蹈為基本元素，取其精華，集其大成，加以融會貫通自創而成，且經廣大女性學員認可確實有效的減肥法。你不必真的去練這六種舞蹈，只要根據書中提供的動作每天練習，一樣能讓你性感度破表！從上半身的性感頸線，完美肩線到3D美胸、嫵媚纖腰、3D＋雙外C馬甲線，到下半身的翹臀蜜桃線（臀部扁塌者的救星），有效緊實大腿內側的鬆垮肉，消除大腿外側的馬鞍肉，讓你練出性感後腰窩，雕出修長美腿，還能釋放雙腳壓力，消除下半身的沉重感喔！

概念 *Two*

蜜桃線才最性感

有次我的同事喝醉了，直說要秀出她的馬甲線給一名男性友人看，要他比比看是我的蜜桃線性感，還是她的馬甲線性感。這位男性友人尷尬地說，不用比啦，腹部平坦雖然也很迷人，但他還是比較喜歡曲線窈窕的蜜桃線。

若以男女有別的角度來看，例如男人的身型若是高大挺拔、肩膀寬闊、能頂天立地的倒三角型，最能一眼揪住女性目光；而女人的身型則是纖細玲瓏、凹凸有致，光靠背影也能煞到一群男性。

再從女人味及性感度方面來說，問十個男人，有九個半都會回答欣賞S型的細腰翹臀，勝於直直的馬甲線；喜歡抱起來纖細，卻又帶點

豐腴的身材，勝於一身結實肌肉的金剛芭比。

曾有位學員因為3週後要當伴娘，來跟我求救，希望能在婚禮當天穿上展現S曲線的貼身禮服。我告訴她，專攻蜜桃線就好，不用練馬甲線，因為即便有馬甲線也不一定能練出小蠻腰和翹臀，但只要練成蜜桃線，就一定會有些微性感的馬甲線。

為何我膽敢說有馬甲線不一定有蜜桃線，但有蜜桃線就一定有馬甲線呢？

首先，人體百分之七十的肌肉是在下半身，而腿臀大肌則是最大的肌肉群，所以鍛練蜜桃線的投資報酬率最大，還可提升全身新陳代謝，讓臀腿更有力，更可保護膝關節。

再者，練蜜桃線的動作，無論是深蹲或提臀，都一定要運用到腹部核心肌群，所以說，練蜜桃線也就等於同時在練馬甲線，但練馬甲線，卻不一定有練到蜜桃線，反正都要練，不如選能讓你事半功倍的蜜桃線來練！

而且練馬甲線若是動作錯誤，例如只知道勤做仰臥起坐、重量訓練，然而長期練下來有可能會因腹部太過緊縮，造成駝背拱肩的後遺症，如此一來，雖練出了馬甲線，卻失去女人味，不可不慎喔！

請想像一個畫面：當你在海邊或度假村的游泳池畔，穿上性感迷人的比基尼，你會希望自己是有著精實的馬甲線？還是小蠻腰配翹臀呢？

夏天就快到了，給自己設定一個新目標，誓言今年夏天一定要穿上比基尼！加入我的「性感瘦」行列，只要3週就能打造出你的性感蜜桃線！

Three

成為優雅流線型
氣質美人

常常有學員問我：「為何老師你跳起舞來好性感嫵媚，我們跳起來卻像是壞掉的機器人？」

我一時不知該如何回答她才好，因為舞姿的呈現真的牽連太多層面了，像是舞者外在的身形及比例、舞者身體的質能，如柔軟度、肌耐力、技巧，甚至是舞者內在的性格及情感表達的方式都會影響舞姿。總之，專業與非專業最大的差別，還是在最初出力點不同，以及運用肌肉牽引肌肉的力道差距，因而造成舞姿展現的優美與否。

大部分人在還未抓到學舞訣竅時，看到老師動肩膀，就以為是要動肩膀，只是有樣學樣就會跳得很僵硬。正所謂「見山不是山」，看似動肩膀，其實是肩膀不能動，而是以腋下及後背的力量來動，肩膀反而是要放鬆的。所以，若是看到肩膀動，就使力動肩膀，跳起舞來當然會像壞掉的機器人啊！

又或是看似搖擺右臀，卻不是右臀出力，反而是左臀要出力。這就像是打撞球一樣，右臀就是白球，左臀則是色球，要白球滾到想要的方向，是由色球來衝撞它引領到正確的軌道，而不是白球自己出力滾動。

人體是活的有機體，不像機器有稜有角。當啟動體內力量來動作時，自然會形成拋物線，讓身體的線條成為優雅的流線型。而流線型的產生，就是身體一邊極盡所能的伸展、拉長、延伸，另一邊則是徹底地收縮、緊實、壓制。人體有極大的可塑性，常常練習「性感瘦」，就可完美雕塑優雅的流線型身材。

我研習瑜伽數十年，但近年才開始正式教課。有次在做瑜伽，我領悟到「見山不是山」的道理，突然想到，瑜伽的創始者是男性，而被奉為圭臬的《瑜伽經》動作示範者也是男性，然而男性和女性身體的比例大不相同，所以在同一個動作呈現上勢必不同。於是，我試著拋開舊有模式，跟著身體內在的感覺來做動作，所有的體位法都在一瞬間開展了起來，我也自創「流線型的美人瑜伽」，藉此推廣「做瑜伽，也可以很性感」。

然而，所謂的「流線型」到底是什麼？我的定義是：內在強勁有力，外在卻圓潤優雅，也就是加強身體內在的肌力以緊實身形，但外表看起來仍舊保有女性特有的柔性美，而不會練出壯碩的肌肉。

於是，我把從瑜伽中體會到的經驗運用到舞蹈和平時的美姿美儀，並要求自己及學員無論在跳舞或日常生活中，都要時時提醒自己由內在使力來延伸脊椎，如此便可放鬆肩頸，展現優雅姿態。從今天開始，讓自己進入全面拋物線的世界，成為流線型氣質美人！

順帶一提，近來很熱門的馬甲線，讓女性朋友一窩蜂地跑去練。練馬甲線並沒有不好，但是動機要對，是為了增加性感度才去練馬甲線，而不是跟流行跑去練。而且要練的是 3D 馬甲線，即腰側部有弧度的馬甲線，而不是看起來像洗衣板一樣平平的又硬邦邦的 2D 馬甲線喔！

概念 *Four*
喚醒愛美潛意識，
做運動一點也不辛苦

性感瘦，不只是一套課程動作，更是一種心法。讓你由內而外變瘦、變美、變性感，而且是我自己親身體驗、絕對有效又健康輕鬆的瘦身法。

對照現在的我，很難想像，小時候的我是個身材嬌小、瘦瘦乾乾又發育不良的竹竿妹，就算已經上國小了，還被當成只有幼稚園大班。沒想到國小五、六年級開始，我就進入嬰兒肥的發育階段，不但胃口大開、食量大增，每回跟爸媽去餐廳吃飯，我都要叫兩人份特餐才能吃飽，也因此整個人開始往橫向發展，還被朋友冠上「小豬」的綽號，而這個綽號一路跟隨我到高中畢業。

出社會工作後，當時紙片人盛行，推崇越瘦越好、瘦就是美。這下子綽號小豬的我，自然而然開始有了「羞恥心」，害怕變胖、變肥，這恐懼感驅使我把賺來的第一筆薪水繳給當時極富盛名的國際連鎖減肥中心，開始人生第一次的減肥大計。還記得當時的方式是，三餐只吃蘋果、柳丁、白煮蛋各一顆，再加三溫暖烤箱高溫烘烤，還要忍受推脂按摩的折磨。歷時三個月花了大錢又受罪，確實是有瘦下來。然而一恢復正常飲食，半年不到就復胖了。現在回想起來還真傻，其實任何人照著這種吃法，讓身體惡性脫水，不瘦才怪！

之後再花了大筆金錢，嘗試中醫針灸埋線、低周波儀器，甚至連泰國減肥藥、美國禁藥麻黃素，都一時失心瘋去試，只差沒去割胃、縮腸、吞蛔蟲了！這些不切實際的方式，都只能一時減重，不只傷身、傷財、還傷心呢！

直到某天，收到知名韻律舞蹈教室寄來的傳單，從小愛跳舞的我，二話不說馬上加入會員。穿上美美的緊身韻律服，在明亮的教室中，聽著好聽的音樂，眼觀明鏡中舞動的自己，邊學舞還可邊瘦身，上課上得不亦樂乎，原來減肥瘦身可以是如此快樂、時尚又有趣。後來也確實慢慢地、健康地瘦下來，不但減重有成效，而且過程是開心的，一點也不覺得辛苦，同時也因為越跳越好而有了成就感，增加自信心，身心靈也越來越健康美麗，並漸漸愛上自己，享受與鏡中的自己共舞的時光，學習傾聽心跳的聲音，開始與自己對話。藉由愛上舞蹈，讓我也開始與自己談起戀愛了！

回想起過去慘不忍睹的減肥史，真是又氣又好笑。失敗的主因就是潛意識動機錯誤，是出於負面的恐懼、怕胖、怕肥，只看到自己的缺點、嫌棄自己，而不是正面地看待自己、愛自己的美。

「恐懼」是一種黑暗的負面能量。如果一開始減肥的心態是出於恐懼，那麼注定會很辛苦、不快樂，失敗率就變高了。就像我當初所經歷過的慘痛經驗一樣，因為出於恐懼，就會讓過程是被掌控的，目標是被設限的，行為是被規定的，並非出自我的心甘情願，只好用忍受而非享受的心情去運動或吃東西。想減肥的動機是出於恐懼，潛意識裡就會接收到負面指令，引出自我壓抑的心情，身體是被勉強的而非自在的，就算是瘦下來了，怎麼會有開心健康的身心靈呢?！

如今，我成功地走出恐懼的箝制，我能感同身受你所經歷過的感受，我想陪伴你一起面對自我，打敗心魔，重新檢視自己的動機，讓愛來取代恐懼。

首先，先噴上你最愛的香水，擦上最美的唇膏，用滿滿的愛戀看著自己，並深深吸一口氣，同時嘴角微微上揚，給自己一個滿意的微笑，告訴自己：「我是美麗的，我是性感的，我是獨一無二的，我是值得被愛的！我要珍惜我自己，所以我要照顧好身體，並維持美麗，開心享受每一個追求美的過程，讓自身的美麗持續綻放。」

或許一開始你會很不習慣這樣的自我激勵法，也許在鏡中，你第一眼看到的是臉上的坑坑疤疤、雀斑、皺紋、黑眼圈、白頭髮……你會懷疑，這樣怎麼稱得上美麗？更遑論性感了！

別忘了「性感瘦」是一套心法！我要告訴你的不只是外在的性感及美麗，更重要的是，從內在愛自己的正面能量：先自愛，人恆愛之。必先被自己所吸引，才能吸引別人。運用「性感瘦」強化愛美的潛意識，會讓你人美心更美喔！

一旦你的愛美潛意識被開啟後，試試看用愛美的心態去面對每一天，去做每一個運動，去呼吸每一口氣息，甚至迎向生命中的每個挑戰，你將會發現你是充滿感恩、盼望及期待的！

再也不要用恐懼的心態來減肥，而是用愛自己與自己談戀愛的心情來「性感瘦」，因為你已經喚醒愛美的潛意識，看到更美更性感的自己了。

概念 *Five*

打造24小時
提升代謝的性感瘦體質

或許是受吸引力法則影響，冥冥之中，會將愛運動、愛跳舞的朋友牽引在一起。有天，我就真的在知名連鎖健身中心的舞蹈會館，遇見一位幾乎失聯20年的姊妹淘。她是舞蹈科班畢業，身材高䠷美麗，有著一雙長腿，不僅是知名塑身舞蹈名師的固定合作班底，也是名師的助理。不久後，果然看見她光鮮亮麗地跟著名師上電視錄影、宣傳，還時常在臉書大show苦練有成的馬甲線。

但一年後再和她碰面，我驚見她不但馬甲線沒了，腰際還隱約浮現一圈「游泳圈」，原本平坦精實的小腹居然有微微的贅肉了！

她大呼：給她三個星期的時間，她要用名師所教的「每天只要三分鐘，不要多做就會全身瘦」的大絕招，找回她的23吋小蠻腰。

我反問她，既然號稱每天只要花三分鐘，你怎麼會「變形走山」呢？她才坦白說，之前為了錄影、上鏡頭好看，將近半年的時間，她只吃水果和燙青菜，任何食物入口前一定先去油，連跟朋友聚餐，都得用絕佳的定力拒絕美食，後來不必上電視後，就開始放縱自己大吃大喝，一不小心就變成現在這樣了。我心想，當初不是號稱只要每天三分鐘就能練出馬甲線，還不必戒美食嗎？對我來說，我沒辦法每天

只要三分鐘就有好身材的。在瘦身減肥的過程中，用意志力命令身體去做運動，和運用潛意識像呼吸一樣自然而然的「性感瘦」，是大不相同的。

「性感瘦」是一種生活哲學，你不需要每天特定花三分鐘或半小時去執行減肥運動，而是一天24小時都在「性感瘦」。因為「性感瘦」是要從心出發，從調整潛意識開始，並找回五感：觸覺、視覺、聽覺、嗅覺、味覺，提升自我覺知做起，好比打通任督二脈，一旦打通了，自然而然就性感瘦了。

簡言之，就是不特別為做運動而運動，而是時時都在動，不論是站、坐、走、臥，都是抱持想要變美的心，以優雅且性感的姿態去做動作。並且搭配飲食，為了性感美麗而吃，自然而然會知道要吃什麼東西才會對身體有益。除了正確的飲食法之外，還可以搭配腹式呼吸法，提升身體的新陳代謝，還能保持活力。因為一天24小時我們都在呼吸，不如使用腹式呼吸法來瘦身，豈不是一舉二得？

例如，以前我在搭長程巴士時，總是很沒耐心，希望快點到達目的地。但自從我開始運用「性感瘦」的生活哲學後，隨時隨地都在享受性感瘦，所以現在我搭巴士都坐在車內最後一排，我開啟觸覺去感受車子震動的感覺，然後藉此來做全身按摩、排毒、還能減壓。這就是將性感瘦24小時生活化的例證之一。

性感瘦能讓你享受健康的飲食、樂於日常的居家運動，在生活中的每一刻隨時隨地都可以性感瘦，讓你呼吸也能性感瘦，睡覺也能性感瘦，徹底成為性感瘦體質。

三大獨家絕招
讓你不復胖

常常有學員因為工作忙碌要加班，或到教室的路途遙遠，或結婚生子甚至搬家移民，而不能繼續來上課，促使我想設計一些動作，教導大家即使沒辦法來上課也能繼續「性感瘦」，如此才能維持好不容易瘦下來的身材，不再復胖。

你可能會說，因為我是舞蹈老師，運動量這麼大，怎麼可能會復胖？其實人類的基礎代謝率是每年隨著年齡增長而不斷下降的，若是維持一樣的運動量，還是有可能變胖，所以一旦運動量大減，後果真是不堪設想。

許多運動明星年紀大了，身材就走樣，再看看一些健身教練，到了一定年紀，猛男變大叔、辣妹變大嬸的例子不勝枚舉。我很慶幸自己不只沒復胖，而且狀況比10年，甚至20、30年前更好，這一切歸功於我實在太愛美了，無時無刻都一定要美美的。

從跳有氧舞蹈的提氣開始，到拉丁舞練胯下的靈活度，及肚皮舞的鍛鍊腹部的核心控制，最後結合瑜伽，整合出「收腹、縮陰、鎖喉」三大招，而這三大招是需要用意志力控制深層的肌肉才能做到。一旦你開始學會用意識來支配肌肉的走向做出動作，才能真正達到「性感瘦」。

接下來說明為何「收腹、縮陰、鎖喉」這三招能幫助你不復胖！

1. 收腹：將肚臍內收，有意識地控制橫膈膜、做腹式呼吸，每個呼吸都會運動到腹部核心肌群，鍛練到馬甲線，像是穿上隱形的馬甲一般，自然練出S型的腰線及平坦的小腹。

2. 縮陰：縮陰就會帶動提肛，喚醒大小腿內側的力量，不僅讓腿部線條修長緊實，也能有瘦腿提臀的效果。更棒的是，當行走時，運用左右互換的縮陰提肛，還可以鍛練到腰側的人魚線與後側的蜜桃線喔！

3. 鎖喉：是從收腹、縮陰之力量提氣延伸到頸部後側，拉長脊椎後，下巴深層肌肉微微收縮，然後開展鎖骨、放鬆肩頸，可達到修長頸部線條的效果，而且讓上半身舒適不駝背，自然而然有助增加代謝提升。

你已經知道我不復胖的秘密了，現在開始由心出發，用意念來控制身體，記住！你就是自己的老師。隨時可練的「性感瘦」三大招，讓你學會與自己對話，並且愛上自己喔！

概念 *Seven*

調整心態，
再也不用大吃來發洩

在健身房有個流傳已久的玩笑話，讓我每次聽到都不禁膽戰心驚：「運動，讓我可以吃更多！」

十幾年前，有位學員下課後找我去吃大餐，我覺得很不可思議，怎麼能剛運動完就大吃？她回答：「運動不就是為了可以吃更多嗎？」我聽完簡直不敢置信，當時還年輕氣盛的我，不顧自己身為老師的身分，就跟她辯論了起來。她的理由是，美食當前無法拒絕，就用運動來消耗熱量，不是兩全其美嗎？當下我簡直無言以對。事隔多年後，這句「運動，讓我可以吃更多！」依然在健身房中迴盪著……

其實我也曾經進入「吃完動、動完吃」的魔咒循環中，若是今天吃多了，隔天就到健身房，緊盯著跑步機上燃燒卡路里的數字，亦步亦趨地努力跑著。

我甚至還走過黑暗期，曾經飲食失控過，當時因為正值出書宣傳期，為了上鏡頭好看，必須保持最佳狀態，所以靠節食少吃來減肥，導致壓力過大，常常會在教完課，又餓了一整天，回到家後，夜深人靜獨自一人時，一邊看著電視，一邊無意識地把餅乾、泡麵、肉鬆等往嘴裡送。

有時也會為了減肥而刻意戒甜食，但一遇到不如意、心情沮喪時，又把一大桶的冰淇淋一口氣吃完。也曾經歷過大啖吃到飽的大餐後，馬上去廁所催吐……現在回想起來，真是慘不忍睹。

當時的我十分不快樂，還擔心自己有躁鬱症而去掛精神科，看診後醫生叫我放心，並說我是藝術家個性，生性要求完美，所以容易緊張，並沒有精神方面的問題。

後來我研究了「馬斯洛的需求理論」，才發現原來人類就是在「需要」跟「想要」之間不停地掙扎打轉。

簡單來說，馬斯洛的需求理論共分五個層次：

1. 最基本的生理需求：即食物與性。
2. 安全感需求：即身體健康與安定生活。
3. 愛與歸屬感的需求：即社交需求、人際關係、團體歸屬感。
4. 尊重的需求：即自我形象被認同、被看見。
5. 自我實現需求：即發揮潛能，達成自我理想的實現。

我的問題是，出書是為了滿足自我實現，卻因為惡性節食，連最基本的生理需求都沒滿足，身心反撲的結果，就是暴飲暴食。

我也運用需求理論去分析，在健身房流傳已久的「運動，不就是為了可以吃更多」的說法，發現運動原本就是要滿足第二層次身體健康與安全感的需求，也因為有同伴同好一起運動，於是進入第三層次的團體歸屬感需求。若是不提升進入第四層次對美及自我形象被認同的需求，那麼只要有人登高一呼：「去吃大餐囉！」通常整隊人馬就去吃吃喝喝了，反正大家開心吃喝就好，明天再來運動減肥吧！

想通這個道理後，我就回歸到第四層次對美及自我形象被認同的需求，來有意識的飲食及運動。當我這樣實行後，身心靈得到徹底的輕鬆、自由與解放。

我在吃東西前會先問自己，是想要吃還是需要吃？久而久之，身體自動會分辨對自己有益的食物，而不被香精、色素等加工品所蒙蔽。

這樣的模式，進而擴及到日常生活的購物上。每當我在逛街時，也會先問問自己，是需要買或是想要買？藉此杜絕許多一時衝動的消費行為，不僅幫自己守住荷包，也成為聰明又理性的智慧型消費者。

所以，讓我們一同來搶救愛美的靈魂，正視心靈深處的需要，將運動減肥的動機，從生理需求升級到更高層次的需求，讓變美變性感，成為你運動的動力，而不單單只是為了減肥而已。當你開始這麼想、這麼做之後，你就已經開始在「性感瘦」囉！

發掘你獨特的性感，遇見真愛，幸福一生

「Vivian老師，謝謝你！我終於要結婚了！」

「Vivian老師，我要休息一陣子了，因為我懷孕了，非常謝謝你，上你的課真的很開心！」

曾經有個學員來上我的課之前是80幾公斤，因為當時她的學校剛好在舉辦減肥大賽，她就來我這裡上課跳舞，並搭配健康飲食，3個月後成功減肥10幾公斤，因而贏得冠軍寶座。當恐龍妹變正妹的減肥前後相片貼上臉書後，馬上引起廣大迴響，不僅找到男友，談起甜蜜的戀愛，最近要結婚了。而且她瘦下來變美之後，不僅有助廣結善緣，對工作及業務也加分許多，這位學員笑著說：「性感瘦，真的讓我人財兩得！」

還有個學員更有意思，有次下課後，她懷著憂喜參半的心情跟我說，

憂的是她要暫時請假休息，不能來上我的課了，喜的是她懷孕了，而且要特別感謝我。

當時我一頭霧水，問她為何懷孕要謝我？她娓娓道來後才知，原來她兩年前一直想懷孕，所以停掉了那時每週固定 2.5 小時的課，想專心受孕，但一晃眼兩年過去了，肚皮卻沒任何動靜，她先生叫她還是回來上課，繼續跳喜歡的舞，懷孕的事就順其自然吧！

沒想到她回來上課後，不到半年就懷孕了！她一直說好神奇喔！「性感瘦」不但讓她找到真愛，現在又讓她擺脫求子心切的壓力，在開心且輕鬆自在的狀態下受孕了！我也很開心，被學生封為

「性感瘦包生婆」！

為何「性感瘦」能有此神奇的魔力呢？這是因為它會教你去發掘自己獨特的性感，帶領你去探索自己的身體，讓你的五感更加靈敏，在舞蹈中，你會不知不覺地慢慢愛上自己。加上不只是雕塑出外在身材的性感美麗，也同時增進你的自信心，不斷累積正面能量，培養出由內而外的美麗。

漸漸地，周圍的人都能感受到這股魅力，進而被你吸引，就會有好人緣、好桃花，自然就容易遇見真愛。藉由「性感瘦」讓你先愛上自己，肯定自我的價值，才有能力去愛人，也能被人所愛，所以「性感瘦」就是能給人充滿幸運又幸福的能量。

我的學員大多是上班族，也都處於適婚年齡，聽到喜訊、收到紅帖也不足為奇。有些學生除了報喜之外，還會特別謝謝我，因為上我的「性感瘦」心法，讓她們變美、變瘦、變性感，也更有自信，不但談了戀愛，進而走入婚姻、建立家庭，迎向幸福的人生。

每個靈魂都具有獨特的性感，每個人也都一定會找到專屬的幸福。找到幸福後用心經營，在生活中多花些心思製造浪漫，多增加一些情趣，就更棒了！

所以有些學員是在老公或男友的鼓勵之下來上「性感瘦」的舞蹈課，這對於肢體語言、美姿美儀、建立自信，甚至是增加兩性間的親密互動，都有很大的助益喔！再說下去，本書就要被列為18禁的書啦，所以其他的就留給你自己慢慢去親身體會吧！

概念 Nine
全新時尚、健康、
美麗、開心的玩美主義

我是個太陽雙魚、月亮雙子，外加血型AB，個性古靈精怪、極端多變，對於所有新鮮的事物都迫不及待想要嘗試的愛美怪咖。想當然，在追求曼妙身材、減肥瘦身的路上也不例外，我秉持神農嘗百草的精神，不斷地挑戰各式各樣的運動方法，無所不用其極，想讓自己更瘦、更美。

凡事愛嘗鮮的我，從路跑、騎單車、溜直排輪、重量訓練、拳擊有氧、水中有氧、踩飛輪全都熱中過，可惜皆以三分鐘熱度收場，如今直排輪鞋、拳擊手套、腳踏車……都被我打入冷宮了。

終於在一連串的尋尋覓覓後，找到我的最愛，就是瑜伽和性感舞蹈，再結合兩者的優點，自創了「性感瘦」。性感瘦除了最基本必備的元素──健康之外，加上這是好玩的、美麗的、性感的，才能讓我在運動時好像在玩遊戲，邊玩邊運動，開心、輕鬆地減重。

再說回我的「玩美主義」，有人說「玩美」兩個字感覺很抽象，我的定義是：玩＝開心＋有趣＋歡笑；美＝時尚＋魅力＋性感。「玩美」的確是很抽象，卻也是最具體的兩個減肥元素，想要減肥成功「玩＋美＋健康的生活型態」缺一不可。

有一群默默跟著我跳舞超過25年的學員，這些婆婆媽媽大多年過半百了，其中還有一位已經80歲的婆婆。超級健康的我們，每週五早上7點30分都會跳上一堂熱情奔放的拉丁熱舞。而且學員出席率都很高，她們開玩笑地說自己是全年無休，不論寒流、颱風、豪雨、地震，都無法阻礙她們堅定出席的意願。還說要是停電了，沒法放音樂，就算要邊跳邊唱也沒問題，她們的熱情讓我真的很感動，也很感恩。

　　我好奇地問，是什麼樣的動力，讓她們能經年累月地保持運動跳舞的習慣，不間斷也不厭倦？大多數的回答跟我心中的答案是一樣的，那就是，雖然當初是以健康為前提來上課，後來卻因為上課有趣、開心、好玩還能交朋友，更棒的是雕塑曲線，變得美麗又性感。於是跳舞帶來的好玩跟愛美，便成為她們生活中不可或缺的一部分了。也許你沒有上健身房運動的習慣，也沒時間去舞蹈教室上課，那麼「玩美主義」對你就更加重要了。

　　人的本性就是愛玩，再加上女人愛美的天性，因此一定要讓減重的過程有趣好玩，並在輕鬆愉悅的心情下進行，才能持久。持久後才能成為習慣，習慣後就成為你的生活型態。我自創的「性感瘦」心法，除了運動減肥之外，也鼓勵你以好玩的心態開始關心流行事物，以愛美的決心多涉獵時尚資訊，常參與藝文活動，多上臉書和網友互動，勇於分享「性感瘦」的心得，也讓自己被美麗的人事物所吸引，天天浸泡在美麗的氛圍中，時時感受「玩美主義」使你蛻變的魔力，讓減肥過程充滿樂趣，擺脫斤斤計較體重機上數字的壓力，享受由內而外脫胎換骨的成果。讓「玩美主義」成為你的生活型態，如此一來，你的人生將會大逆轉，蛻成健康亮麗的玩美女人。

PART.2

跟我一起性感瘦

One

要美背、挺胸、翹臀三合一！

　　你有沒有發現，韓國少女團體各個身材都超好？不必羨慕，只要學會以下三個韓式MV舞蹈的精華扭轉動作，在豐胸翹臀時，下半身也跟著修長了起來！

美人閃電式 上半身扭轉	性感瘦功效
	修長蝴蝶袖，緊實核心。

STEP. 1

雙腳併攏的美人站姿。

STEP. 2

輕輕吸氣後，以收縮左下腹的方式提起左臀及左腿。

STEP. 3

吐氣後，將身體重心移換到右腳腳跟，並保持大腿內側有力。

STEP. 4

微微縮陰提肛的力量，讓左臀上提，左小腿延伸後，優美地靠緊右腳，下半身成為美麗的閃電站姿。

STEP. 5

深深吸一口氣，想像身後有兩個翅膀，用後背的力量，將雙手由頭頂後側往天空的方向舉起，直到雙手在頭頂上方，以手臂內側力量穩定合掌。

跟我一起性感瘦

STEP. 6

再深吸氣，將雙手掌互握，以腹部核心力量帶動側腰，延伸腋下直到手臂，再用虎口的力量，朝天空將雙手伸直。

STEP.7

吐一口氣，固定右手肘，放鬆左肩，讓左手掌拉著右手掌，往左邊的鎖骨靠近，同時以左手臂內側力量，夾緊左側腰及腋下。此時會感受到右手的 bye bye 袖有被拉長緊實之感，成為上半身的閃電姿。

STEP.8

進階版：是挑戰自我的單腳平衡動作。吸氣延伸脊椎，吐氣用收縮腹部及縮陰的力量，將左腿離地，讓身體重心百分百在右腳後，吐氣收緊左側腰，延伸右側腰到手臂內側，試著讓左手肘來碰到左臀部。可加強訓練核心肌群及大腿內側力量，同時雕塑手臂及腰線喔！

Point

1. 專注在重心腳的力量後，想像閃電的感覺，由內部的核心延展為外部腰側的延伸。

2. 閃電式是強調先求穩定再求扭轉，所以穩定重心後，再從核心帶動上下半身，像是扭毛巾的感覺，讓核心成為太極一樣往反方向，隨呼吸流轉。

正妹平衡式 下半身扭轉

性感瘦功效

恢復輕盈柔美的上半身及修長的下半身。

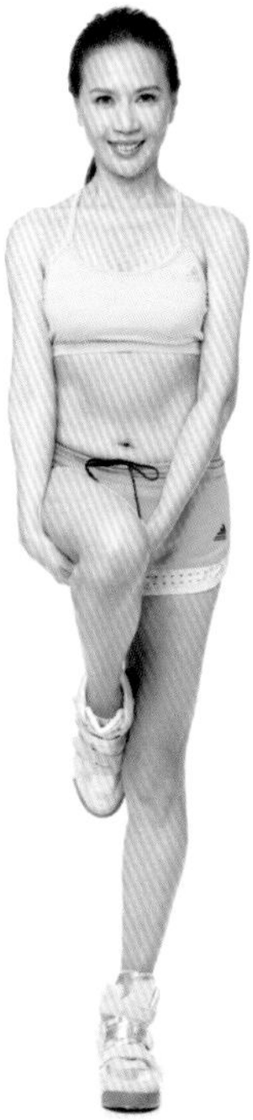

STEP.1

雙腳併攏之美人站姿，吸氣後微微以縮陰的力量，將右腳舉起到右膝接近肚臍的高度，並用雙手環抱右大腿後側。

STEP.2

吐氣後，收緊右下腹，並且大腿後側有力，延伸到坐骨，保持腳尖下延伸，大小腿呈90度，右腳掌內側靠緊左腳膝蓋內側。身體重心百分之百在左腳。用左手抓緊右大腿外側，右手貼住臀部。此時，可感受到下半身有被扭轉的感覺。

STEP.3

慢慢吸一口氣，打開右胸，右手帶著右肩，畫一個大圓往後，延伸拉長，停在比肩膀略低的位置。

STEP.4

輕吐氣，保持腹部有力，左
手穩定住右腳後，將頭頂以
順時鐘方向轉頭後，將視線
注視右手指延伸的遠處。

性
感
瘦

STEP.5 進階：

a.可用左手抓緊右腳小腿腳踝外側，吐氣收腹後，往對角線的
　斜上方延伸。

b.用左手抓緊右腳掌後，以右腳跟外推之力將右腳伸直。

Point

1.初學者膝蓋可以微彎，以保護膝蓋，動作以穩定為前提，不要求做到完
　美或極致。

2.此動作較具有挑戰性，穩定後，再加上轉頭及轉換視線。

3.意念要保持在核心出力，並且想像從核心深處，如同轉毛巾一樣的扭
　轉，帶動上下半身往反方向扭轉，再到腳跟、手指尖，最後才是眼神。

仙女式豐胸 翹臀平衡

性感瘦功效

美背、挺胸、翹臀三合一，開展巨星般美妙鎖骨及緊實翹臀！

STEP.*1*

右腳在前、左腳在後的弓箭站姿，並將身體百分之七十的重心放在左腳，吸一口氣，展開胸口鎖骨後，吐氣放鬆肩頸，將雙手背在後背，交互抓住手肘穩定住上半身。

STEP.*2*

吸一口氣，以鎖陰的力量將左腳尖離地後，再持續吸氣，讓胸口內側往頭頂後側畫圓延伸，恥骨往後勾來找天空，並延伸左大腿前側，膝蓋微彎，臀部夾緊上提，此時腹部會有流線型延伸感。

Point

1. 首先要告訴自己是個美麗脫俗的仙女，再想像下半身單腳出力踩著地球，雙手往後延伸像似水袖飄揚，讓上半身要飛向月亮，好似嫦娥奔月一般。

2. 停留在動作完成處時，保持深長的自然呼吸，可以在心中默數3到5秒，隨著練習的熟練度，慢慢加強動作強度及停留時間的長度。

STEP.3

吐氣後，從腹部內縮，想像有人抓住你的馬尾，把頭頂往上，再往後找腳跟，同時將左腳腳尖延伸上提，帶起右大腿來找頭頂。此時會感覺下背有力，胸口擴張，臀部堅翹緊實。

STEP.4 進階：

a. 可將右腳穩住，以腹部核心的力量，從大小腿內側往下扎根，再讓雙手肘微彎讓雙手心相對，並將肩胛骨往內夾後，往後將雙手拉長伸直，最後將左腳伸直。

b. 吸氣延伸脊椎，吐氣將手後拉更多，停3到5個呼吸後，慢慢放鬆雙手，自然呼吸，回到美人站姿。

穿高跟鞋輕鬆跳的秘訣，就在於平衡

　　韓式的性感魅力，在於無論是從妝髮、穿搭，到音樂舞蹈的風格，始終強調俐落又多變，精緻中求反差。韓星的特色是足登三寸高跟鞋，卻能輕鬆地載歌載舞，秘訣就在於平衡，而Vivian老師上述所教的舞步，就是一種平衡練習。一起來發掘你最時尚的韓風性感的魅力吧！

Two

要S型
妖嬈體態！

提到拉丁辣妹，就會想到前凸後翹的美麗姿態！的確，拉丁舞蹈的特色在於腰、腹、臀、腿的靈活扭動，大方展現出S型的妖嬈體態，綻放迷人的野性特質。

以下，我特別精選了三組具有代表性的拉丁舞步，在性感搖擺、感受拉丁火熱魅力的同時，一起來雕塑出3D的外雙C、馬甲線及小蠻腰吧！

俏麗小蠻腰
熱情salsa

性感瘦功效

打造無敵S型曲線，給你極致小蠻腰。

STEP. *1*

雙腿微微併攏的美人站姿，輕吸一口氣，穩定住左腳跟往下扎根的力量，以縮陰之力往上延伸脊椎後，保持右腳尖延伸，提起右腳跟。此時將身體百分之七十的重心放在左腳跟上，以左手輕觸大腿。

STEP.2

吐氣後，保持右下腹收縮有力，以左大腿外側推動左臀的力量，像畫一個微笑線一般，將右臀往右側勾起，並同時將右腳跟踩在水平線的三點鐘方向的地板上，直到把氣吐光。此時，身體重心百分之六十在右腳跟。雙手肘微彎，以雙手掌之力由右往左推。

性感瘦

STEP.3

輕吸一口氣，以縮陰之力，將左腳腳掌往下踏穩，讓身體重心再次回到左腳跟，右腿及右臀也因而被帶動離開地板。

STEP.4

吐氣後，想像在拉拉鍊一樣，以縮陰收腹的力量，將右腳及右臀拉回來靠緊左腳。

STEP. **5**　換邊重複動作1－4。

變化式：一樣的舞步，換成斜前方的對角線。可以更有效雕塑小蠻腰。

Point

1. salsa的節奏是123 hold，123hold，第四拍是沒有步伐，要拍個pose。腳步則是右左右，左右左的轉換。

2. 推臀要用反方向的力道來推，也就是想要將右臀要往右時，右臀必須放鬆，用左大腿帶動左坐骨，往右推。

3. 地震是從地球核心開始震盪，不是地表，所以每次做動作時，要想像腹部、會陰處是震央，是主動的力量，再帶動大腿左骨是地殼，身體較外側的髖關節是被動的地表，要放鬆地被動。這樣一來，你就可以輕鬆自如，隨心所欲，靈活地扭腰擺臀喔。

|| **美人魚翹臀**
cha cha cha || 性感瘦功效

練出人魚線，打造圓潤翹臀。

STEP. **1**

美人三七步右腳前站姿，此時身體重心百分之七十在後腳，也就是左腳，並維持上半身面向正面，下半身45度朝左。左手優雅地輕放在左大腿上，右手心輕放右臀。

STEP. 2　吐氣後，右腳踩下。

STEP. 3　持續吐氣，換左腳踩下。

STEP. 4　再換回右腳踩下時，將氣吐光。

STEP. 5

深吸一口氣，縮陰之力上提上半身，再讓右腿內側肌肉外旋後，瞬間轉動右腳跟，讓右腳尖朝向1點鐘方向，並下壓左腳的腳背，延伸左腳尖，以左腳內側力量，像穿絲襪一般帶起左臀及左腿。此時，身體重心百分之百在右腳跟，小腿修長，右臀圓挺，展現美妙的下半身曲線。而右手也順著身體曲線，往上自摸，來到臀部後側，完成動作。

STEP.6 吐氣將右腳放下，換邊重複動作2－5。

Point

1. 想像自己是線條優美的美人魚，只有一條尾巴，所以也讓右左兩條腿合而為一，來做動作。

2. 熟練後可以進階練習往前進的舞步，此時要讓前腳放鬆延伸，以後腳為推動的主動腳。一樣保持只有一條腿，像是穿著非常緊的窄裙在跳舞一般，可有效讓下半身修長緊實喔！

修長的下半身 mambo ‖ 性感瘦功效

擁有3D＋外雙C馬甲線、完美修長的下半身。

STEP.1

如同鬥牛士般前弓後箭的英挺站姿，左腳在前，膝蓋微彎，右腳的腳跟著地。此時，身體重心百分之七十在後腳。

STEP.2

輕吸一口氣後，以縮陰收腹的力量提起右腳跟後，讓右大腿外側的力量，順著逆時鐘的方向，將髖關節從5點鐘的位置開始，從6點－7點－8點依序畫圓，讓臀部來到9點，同時，也轉換身體重心來到左腳。要想像腹部的馬甲線是個朝右、往前再往下倒寫的大C。如此，可練出右側的內彎馬甲線及小蠻腰。

STEP.3

慢慢吐氣，用左坐骨推動右大腿內側的力
量，帶動左大腿往正前方**12**點方向延伸，
直到左腳掌接觸到地板。

STEP.4

輕吸氣，用收縮左側腹部及縮陰的力
量，將右腿以圓弧形拉回到左腳旁。此
時，重心再回到左腳。

STEP.5

慢慢吐氣，將髖關節順著**9－8－7－6－
5**的逆時鐘方向畫圓後，將右腳往後踩，
回到動作**1**。

STEP. **6** 變化式：

熟練後，可加上甩頭的變化，右腳踩前時，雙手往右，頭則往左甩。左手則往右方撥水，右手虎口往右畫一小半圓。想像從會陰處，倒寫一個大C字，用以延伸右側的人魚線，並練出右側的蜜桃線。

Point

1. 要從核心開始畫八字，再帶動臀部和大小腿的S型擺動，雕塑出3D的外雙C馬甲線。

2. 維持上半身的提氣，與下半身的靈活後，當下半身往前時，上半身則要刻意地往後延伸，再將右左半邊，各以相反的力道，扭腰擺臀到幾乎要上下半身分離的感覺。

3. 當右腳在踩前、踩後移動時，左腳要負責做煞車的動作，也就是收腹縮陰穩定重心的固定腳，可讓動作充滿張力，卻又柔美流暢。

外雙C的3D馬甲線，超美感！

馬甲線一定要像洗衣板嗎？看起來只能是凹下的線，像細水溝，或者像石灰板上的浮雕一樣嗎？不不不，外雙C又加3D的馬甲線，才具有美感！

3D外雙C馬甲線，就像是在手工窯烤花瓶時，要拉坯及浮雕。練習上面的動作，讓你的小蠻腰如同拉坯般雕塑外雙C形狀，自動會有浮雕出來的感覺，讓身形更美更性感。

Three

要上半身曲線
神秘媚惑！

迷人的頸線，很性感！
小V臉，拍照更上相！
凸胃沒了，胸部更3D！

想要一次擁有上述三個優點嗎？

在教學的過程中，我發現悠久歷史的性感舞蹈──肚皮舞對於美化上半身曲線有很好的效果！

所以我們以肚皮舞基本功來作為暖身，包括頭、頸、肩及胸口，後背及核心，同時也能美化上半身曲線哦！

現在，就讓我帶著你，進入肚皮舞的奇幻世界，展開性感瘦之旅。

埃及女神
優雅頸部線條

性感瘦功效

活化頸椎，美化肩頸線條。

STEP. *1*

美人站姿，輕吸一口氣，以收腹縮提肛之力，將右腳提
起後，吐氣將右膝內側輕靠在左膝，此時重心百分之
八十在左腳。

STEP. *2*

將雙手放在後背，輕垂
在雙臀後側，深深吸一
口氣，想像後背有兩個
翅膀，將雙手各畫一個
大半圓形，往頭頂延伸
到雙手掌相對後，以手
臂內側直到掌心之力，
合十穩定住。然後，保
持右手掌在頭頂上，左
手下降到胸前，手指對
齊下巴。

STEP. *3*

輕吐氣，延伸頸部後側，下巴微收。想像右手是一片牆，
然後要用左耳推右耳的力量，靠近牆去聽另一邊牆的聲
音。此時會感覺左側頸部往右延伸，右側頸部有緊繃感
後，把氣吐光。

STEP. *4*

吸氣稍做放鬆，以反方向用右耳推左耳，延伸出右側頸部之力，
讓右耳遠離右側的手臂。

Point

1.所有右左來回的動作，都要想像是有個小小弧度
的拋物線，才會更加靈活。

2.做動作時，保持嘴角微微上揚，眼神專注卻要放
柔，並且放感情來做。

3.所有力道都是相反的力量，也就是右耳往右是用
左耳往右推，如同打撞球一般，色球去敲擊白
球，讓白球滾動的原理。

4.來回做5－8次後，再換腳、換重心、換邊做。

小V臉 希臘神話美人	性感瘦功效

活化頸部，緊緻臉龐，
消除雙下巴。

STEP. *1*

右腳在前、左腳在後的交叉站姿，並將身體重心百分之七十放在
後腳，也就是左腳上。展開鎖骨，雙手內側微微出力，輕靠在身
體兩旁，吸口氣將雙手小手臂上提，手指併攏，手指延伸後，將
手腕交叉在胸前。此時，下巴剛好在手腕交叉處。

STEP.2

輕輕吸氣，一樣用撞球的原理，想像後腦勺被人打了一掌，使頭頸往前推，下巴遠離身體。此時後頸部有緊繃感，下巴有往外延伸感。

STEP.3

吐氣，以收腹之力，同時想像臉的正前方被砸了一個派，與地板水平，往頭後側收回。此時會有下巴緊實、後頸部圓弧形延伸感。

STEP.4

吸氣，以左耳推動右耳之力，讓右邊的腮幫子快要輕觸到右手指。

STEP.5

吐氣換腳、換邊，從前－後－左－右的順序做。

跟我一起性感瘦

進階動作：以前－右－後－左順時針的方向，360度畫圓，往前吸氣，收回吐氣。

Point

1.做動作時要用心感受頸部內側的肌肉變化，以保護頸椎。

2.一定要收腹，讓下盤穩定有力，挑戰頭動而身體不動，非常有趣。

3.來到右左側時，眼神也可以看右看左，增加眼部靈活度及趣味性。

4.每1－5動作為一組，做5到8次，再加360度頭轉也可做5到8次。

美胸 3D立體UP

性感瘦功效

強化上腹肌核心，讓肋骨收縮，獲得由內而外的美胸。讓腹部緊緻有彈性，消除惱人胃凸。

STEP.*1*

右腳在前，左腳在後的美人站姿，吸口氣延伸腋下，吐氣打開鎖骨後，擴展胸口，並將雙肩放鬆，手心朝外，手肘朝後，讓雙手優雅地垂放在身體兩旁。

STEP.*2*

吸一口氣，將雙手心往由內而外，像太極般捧著氣畫半個橢圓形，吐氣後反掌，用手心包住氣，以虎口完成另外半個橢圓形。待氣吐光之後，將雙虎口輕靠在肚臍下3公分丹田處之兩側，提醒自己把意識專注在腹部。

STEP. *3*

手腕輕輕靠在髖骨上,手肘約略 **90** 度的位置,
穩定雙肩及雙手臂,保持自然呼吸。

STEP. *4*

以鼻子深深吐氣,想像肚臍往內再往後去找脊
椎,直到肚子往內凹陷,並感覺腹部內縮、非常
緊實,充滿了能量。

吐氣

凹陷

STEP. *5*

輕輕地啟動左下腹的力量,開始吸氣到右胸口,
並想像腹部內有個千斤頂,以對角線左下到右上
的方向,往右胸推高。在推右胸時,一定要放鬆
左胸,只用點到點、連成一條線來出力。

STEP. *6*

持續保持吸氣,讓腹部內的千斤頂,順著
右胸的圓弧形,向上打個彎往下巴的方
向,再推到最高點。好像要頂到喉嚨。感
覺腹部核心從恥骨到肚臍到連成一線,微
微露出馬甲線,連肚臍眼也被拉長了!

STEP. *7*

慢慢吐氣,放鬆左胸及左肋骨,再收縮左側上腹
部,想像讓右胸要往左肋骨內收縮、內推進去。

STEP. *8*

再持續吐氣,放鬆左胸,讓左胸口往肚臍右側方
向收縮,直到把氣吐光。

Point

1. 做動作時，要想像用3D的空間感來進行，如此，練出來的腹部線條也會是美麗的流線型。

2. 初學者也可以躺在床上練習，並想像胸口是一艘在海洋飄浮的無人小船，腹部就是大海，意志力是海風。所以看起來是船在動，其實是海風吹動，引發海浪才推動小船。只要掌握這個要領，你的胸推動作就會很性感美麗，又有緊實的平坦腹部喔！

3. 胸部要放柔不出力，用力的是身體裡面的腹肌。如此一來，動作做起來就會很優雅流暢，也才會確實訓練到腹部的核心。

肚皮舞展現好自信

提到肚皮舞，就會想到性感的肚皮舞孃，穿著閃亮的舞衣，展現著無比神秘的自信魅力。有關肚皮舞的起源，有許多種說法，有一說是在西元前1000年在古埃及的寺廟中，取悅神明的求子之舞。也有一說是5000年前起源於印度，被吉普賽人傳入中東地區，再傳到歐洲。

Four

要瘦大腿＋蜜桃線！

我相信每個女人的靈魂裡，都潛藏著性感的DNA，並不是只有明星或宅男女神才能被稱為性感。一聽到「艷舞」兩個字，很多人會聯想到脫衣舞，甚至電子花車等物化女性、袒胸露體的意淫形象。

其實，在我的性感舞蹈中，將開啟你身體無限的潛能及可能性，是一種探索，是一種挑戰。

現在，我特別從sexy dance中精選了三套動作，不但能讓你雕塑出玲瓏有緻的窈窕身材，還要喚醒你深藏已久、專屬於你的性感喔！

M字讓你 瘦大腿	性感瘦功效
	有效消除大腿內側贅肉，人魚線核心交互平衡力。

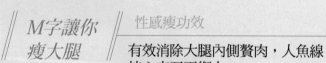

STEP. 1

雙腿腳跟平行、保持約一個腳掌的距離，腳尖微微外八，深深吸一口氣，縮陰提肛後墊起腳跟，再往頭頂的方向，將身體提氣、延伸拉高。

STEP.2

想像頭上頂著20公斤重的水缸,以腹部之力穩住上半身後,慢慢吐氣,開始放鬆肩頸,將恥骨往後,帶動臀部往後,再將雙膝外展,下巴微揚。此時,雙手帶著感情,由鼠蹊部往膝蓋內側輕輕劃過。

STEP.3

直到坐骨快要碰到腳跟,就把氣完全吐光,雙膝打到最開,腹部有力,將雙手輕輕扶住膝蓋內側,穩定上半身。再吸一口氣到胸口,此時可稍做停留,讓地心引力帶著身體的重量,幫助胯部的自然開展,增強柔軟度,同時鍛練大腿腳跟的肌耐力,緊實臀部。

STEP.4

快速吐一口氣,維持上半身挺胸,以收腹的力量,把左腳往右收進來,同時提起左臀及左腳跟,往右轉90度。

STEP. 5

深深吸一口氣，用恥骨往後勾，帶動坐骨往後畫圓的方式，將下半身從臀部後側帶起來。

STEP. 6

同時也讓氣來到胸口，挺胸，充滿自信地抬起下巴，保持前凸後翹的迷人S身形站起來。

STEP. 7

重複動作1－5換邊做。

Point

1. 腳尖要與膝蓋朝同方向，以保護膝蓋。初學者或膝蓋有受傷者，不必太往下蹲，可以做到膝蓋保持90度的位置就好。

2. 做動作時，要想像所有動作都是3D立體的拋物線。

3. 動作一定要配合呼吸，才有生命力，呈現出有內涵的性感。

翹臀美眉
貓爬基本功

性感瘦功效

強化下背部肌力及後腰柔軟度，
練出緊實渾圓翹臀及蜜桃線。

STEP.1

用貓式跪姿開始，檢查雙手掌下壓在
肩膀的寬度，雙膝跪在髖骨的正下
方，自然呼吸。

STEP.2

深深吸一口氣，將上半身重量移到
右手掌後，讓左手保持在肩膀的高
度，用腹部及手臂內側的力量往前
延伸，再用腹部內縮的力量，將右
腿從鼠蹊部提起後，整條右腿往後
延伸。

STEP.3

吐一口氣，維持右手掌及左膝撐穩地
板，稍微放鬆軀幹，特別讓身體的前
側，包括腹部及大腿前側放鬆，將右
腳尖朝上後，左手由前往後，畫一個大
圓，來抓住右腳背外側，進階者可握住
腳踝或小腿。

STEP. 4

再慢慢吸一口氣，用右腳背踢左手的力量，把右大腿往上抬起，此時要想像頭頂找腳尖，腳尖找頭頂，身體會是美麗的圓弧形。

STEP. 5

在此完成動作，停留3到5個呼吸，將意念帶到緊實的臀部，想像渾圓的蜜桃線在成型中，還有背部的贅肉在消失，取而代之是優雅性感的美背。

STEP. 6

吐口氣，回到動作1，再換邊做。

Point

1. 凡跪姿時，身體軀幹要用力，收腹提起，不可將重量壓在膝蓋，特別是頭部也要有自動提氣的意識，才能減輕膝蓋的負擔，運動起來才會安全有效。

2. 若是手抓不到腳，就不要勉強，可以用小毛巾勾住腳踝來完成動作。

3. 撐住地面的手肘勿打直鎖死，展開鎖骨，將手肘朝後，以用到手臂內側的力量來施力撐地。手指也要撐到最開，以分散手腕的壓力。

跪姿美化肩頸
豐胸瘦小腹

豐胸及瘦小腹，美化肩頸線條。

STEP.1

辣妹跪姿，盡量打開雙膝，讓恥骨往後帶動臀部往後翹，讓坐骨找到腳跟後，挺胸坐穩。

STEP.2

輕輕吸一口氣，讓右胸口飽滿，右側腰到腋下延伸。同時想像小時候做壞事，被老師抓住右耳往上提後，再慢慢吐氣讓臉側轉朝右上方，頭輕垂在左胸口。

STEP.3

繼續吐氣，直到頭頂來到胸口正前方，此時腹部凹陷，肋骨內縮，微微拱背。

*STEP.*4

啟動腹部的力量，猛然把氣吐光，並且想像肚子是手，頭頂是筆尖，畫出一個 NIKE 打勾勾的商標，也可以想成是橫躺的英文字大寫的 J。同時感覺腹部及肋骨也在畫圈。

*STEP.*5

當頭甩到定點後，頭髮則讓它無設限地持續飛揚。

*STEP.*6

完成動作稍做休息，再換邊做。

Point

1.剛開始練習時，可能會有頭暈目眩、身體不適的情況發生，多多練習讓身體適應、產生記憶後，即可改善。

2.可以對著鏡子練習眼力、眼神，增加自信心與穩定度。

3.初學者可以先坐在椅子上練習，有助於專注在核心力量的操控及運用技巧。

Five

要告別馬鞍肉，
打造性感長腿！

現代人，尤其是上班族，經常久坐，容易造成臀部扁塌，大腿肉往外長，形成臀部及大腿外側連結處多一塊馬鞍肉。現在利用椅子舞的特別訓練，不但可防止馬鞍肉，還可有效運動到平時很難動到的大腿內側，把大腿內側的肉肉神奇地調整為蜜桃線，給你翹翹臀喔！

我鑽研性感系列舞蹈十幾年，深深感到：除了鋼管舞之外，就屬椅子舞，最需要舞者的身體質能及技巧，也最能展現誘人魅力。但鋼管舞的難度高，必須具備相當程度的肌耐力及絕佳的柔軟度，對於一般沒有舞蹈基礎的女性朋友來說安全性堪慮。所以我非常推薦想要讓自己更性感的你來練習椅子舞，椅子不僅是家中及辦公室中唾手可得的練舞道具，練完還可以與老公或男友親密互動，增添情趣。更可透過椅子舞，鍛練出修長緊實的下半身，真是一舉數得，好處多多！快快加入我們的行列吧！

前置作業

找一張讓雙腳跟可以輕鬆著地、適合自己高度、有椅背的椅子。初學者建議光腳來練習，有助於感受及控制肌肉的力道。等到練習一段時日，則可穿著高跟鞋來練習，達到人、椅、鞋三合一的最高誘人境界。

打造名模
無敵修長美腿

啟動內側力量，修長大小腿線條。

STEP. *1*

收腹，以坐骨找椅子的力量，端坐椅墊約二分之一處。

STEP. *2*

吐氣後，以下腹部收縮的力量，將雙膝及雙腳踝貼近、輕輕夾緊，再微微提起腳跟，讓雙腿從坐骨、膝蓋後側到腳尖，都能優雅地延伸併攏。

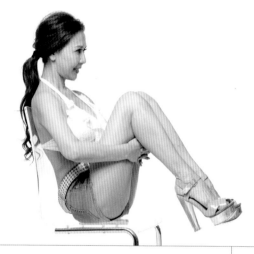

STEP.3

吸足一口氣到腹部，將意識帶到肚臍下三公分之丹田處，再用收縮下腹部的力量慢慢吐氣，像捲壽司的方式，將尾椎一節一節往肚臍收縮捲起，同時用腹部的力量，用雙手將雙腿往胸口的方向環抱，持續吐光所有的氣，完成性感的貓抱式。

STEP.4

想像核心如同鑽石般閃閃發亮後，輕輕吸氣到下腹部，同時保持腳尖腳跟相對緊靠，雙膝外展，大腿內側肌肉外旋的力量。持續吸氣，雙手心撐住雙大腿下方。

STEP.5

吸氣到最後，維持用尾椎下頂及坐骨後撐的感覺，感受身體由內而外如同鑽石般發亮閃耀。

STEP. 6

慢慢放鬆膝蓋關節，開始吐氣，同時用腹部收縮的力量，將腳尖如同劃線一般，各自往右左3點及9點方向延伸，同時用腹部的力量將外展的雙膝內收靠攏。

雙手臂伸直，收縮肋骨及鎖骨，慢慢低頭，用頭部的重量，感覺腹部緊縮及後背部的擴張。

此時用心感受三個神秘地帶：膝蓋到腳尖、下腹部到會陰處，以及上腹部到肩頸頭頂的力量，可有效練出深層的核心動能控制力。

STEP. 7

開始想像打造無敵延伸夢幻長腿，輕輕吸一口氣到下腹部及會陰處，持續吸氣，並運用意志力，將這股能量，讓腳尖優雅地延伸到2點鐘及10點鐘方向，並且持續拉長大小腿內側來hold住。

恥骨則用反方向的力量，帶動坐骨往後往頭頂延伸，與腳尖產生抗衡的力道，讓下腹部及大小腿內側得到更徹底的拉長及延伸。

拉長側腰和腋下，肩膀後轉，同時用上手臂內側的力量，將雙手在身體後背處伸直，來支撐上半身。

此時，停留3到5個深吸氣，將意識帶到大小腿的肌肉自發性地延伸拉長後的修長緊實感，切記關節勿鎖死。

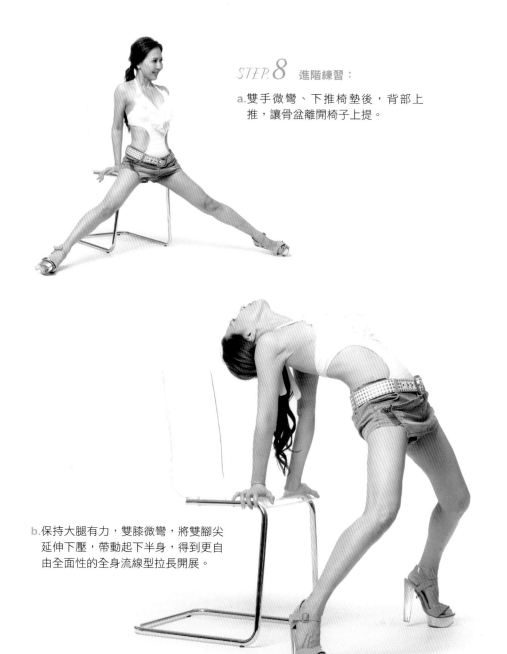

STEP.8 進階練習：

a.雙手微彎、下推椅墊後，背部上
　推，讓骨盆離開椅子上提。

b.保持大腿有力，雙膝微彎，將雙腳尖
　延伸下壓，帶動起下半身，得到更自
　由全面性的全身流線型拉長開展。

c. 最後將意識帶到如花
綻放飽滿挺實的上半
身，再慢慢地從下腹
部開始吸氣，感覺從
身體後側的下背部力
量推動到身體前側胸
部的擴張。

持續慢慢地吸氣，讓
上腹部延伸，感覺從
恥骨慢慢遠離腹部，
臀部緊實後，將雙腿
伸直，胸口如同花朵
盛開般地倒C型馬甲
線延伸，而雙腿也得
到能夠修長筆直線條
的確實鍛鍊。

d. 再次慢慢吐氣，回到
動作3的性感貓抱。

Point

1. 動作1至5為一套，每天做5個巡迴，一定要配合腹式呼吸喔！

2. 在做動作時，剛開始可以先看著鏡子練習培養自信心，迎接全新、充滿
性感魅力的自己。

3. 練習一段時間動作熟練後，則可以收起鏡子，但打開心中的明鏡，在舞
動時與平時練習時自己美麗的身影共舞。

4. 最重要是將練習「性感瘦」椅子舞生活化，在日常生活中每當一遇見椅
子時，立刻觸動往日練習時的與椅子互動熟悉感，時時都在「性感瘦」
塑身，處處都是你展現性感的舞台。

側站椅子
除馬鞍肉

性感瘦功效

消除馬鞍肉，給你翹翹臀。

預備動作

1.找一張適合自己身高的椅子，椅座大約略高於膝蓋位置。
2.將椅子擺正，站立在椅子側面。
3.若能面對鏡子做，以調整姿勢更佳。

STEP. *1*

站在椅子的右側面，兩腳併攏
後面對椅子站好。

跟我一起性感瘦

STEP. *2*

先將身體重心放到右腳掌，也就是後方的
腳，再吸一口氣後，慢慢吐氣，以收腹的力
量將左腳提起，雙手環抱大腿後側，此時身
體重心完全在右腳掌，把氣吐光。

STEP. *3*

吸一口氣，感覺胸口擴張，保持右腳穩定，將左
腳尖延伸後，輕點在椅座上，檢查膝蓋是不是
呈90度。雙手伸直，手指延伸後，以手腕處輕輕
放在膝蓋上方，維持上半身的挺直。

STEP. *4*

以口輕輕吐氣後，像捲壽司
般，從恥骨開始收腹、夾臀，
並縮陰。

性
感
瘦

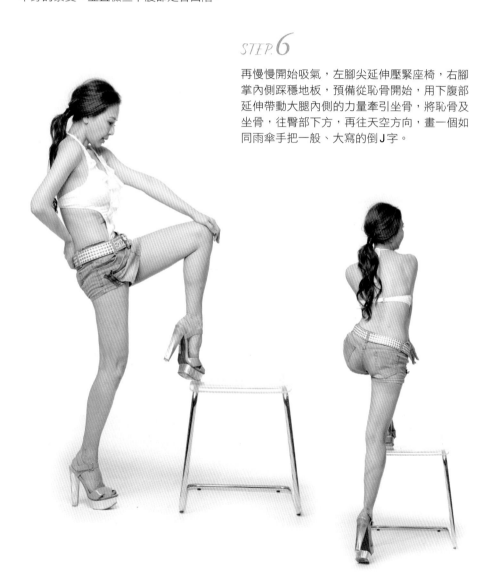

STEP. 5

將兩臀夾到最緊，直到把氣吐光。此時，身體會
呈現如同英文字母的C一樣的內勾型，要感覺下
半身的緊實，並且檢查下腹部是否凹陷。

STEP. 6

再慢慢開始吸氣，左腳尖延伸壓緊座椅，右腳
掌內側踩穩地板，預備從恥骨開始，用下腹部
延伸帶動大腿內側的力量牽引坐骨，將恥骨及
坐骨，往臀部下方，再往天空方向，畫一個如
同雨傘手把一般、大寫的倒J字。

STEP. 7

最後深吸氣，將頭後仰，同時臀部往後畫倒 C 字。此時身體會像開展卷宗般，感覺胸口擴張、腹部延伸，同時會感受到下腹部有圓弧形的往後延伸，及臀部渾圓上提的感覺。

Point

1. 一定要配合呼吸，快慢交互做，慢的吸氣吐氣各 4 秒為一次，中速度則 2 秒一次。待熟練後可以快速度，1 秒一次。

2. 每天以慢速 2 次、中速 4 次、快速 8 次為一回合，每天做 3 到 5 回合即可。

3. 在快速度時，要想像因為運動到大腿內側及下腹部核心，所以馬鞍肉消失了！蜜桃線長出來了！

4. 做的同時不僅是要運動到外在的大腿內側及翹翹臀，也要練習感受會陰處的緊實，還有內在器官及腺體的運動按摩喔！

性感瘦功效

對抗地心引力，輕鬆打造蜜桃線、筆直雙腿。

STEP.1

面對椅子，雙腳平行打開到比肩膀寬一個腳掌的距離。雙腿膝蓋微彎，輕吸一口氣，擴胸打開鎖骨後，吐氣將雙手伸直，將雙手掌距離肩寬，放在椅座上。

STEP.2

吸氣，以縮陰提肛的力量，將大小腿內側如同金字塔般延伸，而雙腳大拇指如同金字塔的底座穩扎在地板上。

STEP.3

吐氣後，以收腹的力量，將雙膝蓋內側夾緊靠攏，頂在椅背，肚臍內縮到凹陷，直到把氣吐光。

STEP.4

此時，腳尖內八，腳踝到小腿是一個小型的金字塔，而大腿到坐骨延伸上提，讓雙臀如同兩個渾圓的葫蘆。

STEP.5

吸氣，讓雙膝慢慢打開，雙腳跟回到地板，雙手掌推椅座，擴胸後，慢慢把雙腳肌肉由內往外旋的力量伸直，直到以腳跟的力量撐穩地板，腳尖以120到180度向外展開，此時要感受到小腿後側也就是蘿蔔腿的位置，有被上下拉長、徹底延伸的感覺。

STEP.6

吐氣回到動作1，自然呼吸。

STEP. 7 **變化式：**

也就是單邊的練習（左腳外八外旋，右腳內八內旋）。

a. 以左腿外轉，腳跟外八後，延伸左腳大小腿內側的力量，推到左坐
骨後，再帶動右坐骨往左往上提起，左膝蓋內夾。

b. 再換邊。

Point

1. 想像自己是個前凸後翹的兔女郎，做動作時，把專注力放在翹臀、纖腰
   及長腿。

2. 變化動作時要配合呼吸，並且以核心帶動肌肉流暢進行。每個動作 1－6
   為一組，每天一組做 3－5 次。待熟練後，可開始練習動作7。

3. 以椅子為媒介，將身體重心降低來到骨盆腔，啟動核心的腹部能量，牽
   引至會陰處來控制恥骨的力量，驅動大小腿內側，直到腳尖的無限延
   伸，擁有美妙修長、名模般的美腿。

Six
獨創
性感瘦浪漫回春床之舞

　　我是個對運動上癮的人，所以就算出國旅行，也一定要去飯店的健身房參觀一下，順便動一動。有時候太晚歸，健身中心已經休息，我就會利用房間內的床來做運動，這也啟發我利用床的特性，自創一些性感瘦的床上動作，沒想到效果出奇的好，原來躺著就可以變瘦，還可以快速養精蓄銳，甚至還可以變年輕、變漂亮喔！

　　現在就讓我們一起進入床之舞的奇妙回春性感瘦吧！

與真愛共舞的翻滾燃脂！

性感瘦功效

增加下半身的核心控制力，可塑腰、翹臀、平坦腹部。

STEP. *1*

趴躺，雙手肘互握在肩膀下方，以手臂內側到腋下的力量撐起上半身，下半身雙腿併攏，擺正躺好。

STEP.2

將上手臂鬆開，吸口氣後，用手臂內側力量往側腰兩旁夾緊，將手肘朝後微彎，用手掌下壓床墊，腹部有力，將上半身慢慢以圓弧型撐起來。

STEP.3

穩定下半身後，以下腹部下壓床墊，延伸核心之力，慢慢吸氣，將手臂伸直，直到胸口飽滿，鎖骨打開，持續感覺到後背有力，頭部微微往後，下巴微揚。

STEP.4

保持雙腿併攏，雙肩不動後，用收縮左下腹的力量輕吐氣，想像有一個拳頭把下半身推到右側來。此時，會感覺右側腰從腋下到大腿外側有圓弧型的外展延伸感。

STEP.5

深深吸一大口氣,用縮陰的力量,將骨盆帶起
後,再用恥骨延伸下腹部的力量,推動坐骨往
天空翻開至最高點。此時,臀部會是最翹的,
蜜桃線向左右延伸拉長。

STEP.6

再吐氣收腹,將臀部以彩虹的圓弧型,
慢慢移到左側邊。

STEP.7

持續吐氣,感覺下腹部延伸,雙手掌推地,讓髖關節回到動作1的位置。

Point

1. 初學者可以在膝蓋內側夾一條毛巾,隨時保持會陰處有向頭頂處內縮的
   意識,以確保完全用到核心的力量來做動作。

2. 一定要配合呼吸,深深吸氣推高,往上畫一個外凸的圓,慢慢吐氣往下
   畫一個內凹的圓。

3. 先用固定的四點來練習,再將四個點以畫圓的方式連結起來,成為3D版
   的翻滾式動作。

抗地心引力的回春秘訣

強化下背部，創造性感後腰窩。釋放雙腳壓力，輕盈修長下半身。

STEP.1

側坐在床頭靠牆的位置，
讓臀部盡量貼近牆面。

STEP.2

吸一口氣，雙手推地後，收腹
將腳跟離開地面。

STEP.3

吐氣，收腹拱背，讓上半身微微
往後倒，預備轉身上牆。

STEP.*4*

轉身朝上，讓兩個坐骨坐穩在床墊上。

STEP.*6*

吸一口氣，挺起胸口後，將兩個腳跟互相靠緊後，慢慢把雙腿如同翻開一本大書般，把雙膝蓋打開到最多。此時，會感覺到大腿內側深處鼠蹊部的伸展。想要開胯者，可保持自然呼吸，在此動作稍做停留。

STEP.*5*

放鬆上半身慢慢躺下，將雙手手心朝上，放在身體兩旁，以收腹之力彎曲雙腿，兩腳跟緊靠牆面。

STEP.*8*

每次畫完一個大圓後,將雙腳放鬆在牆上,閉上眼精,自然呼吸,感受血液倒流到胸部及頭部,同時想像豐胸及美顏,還有回春喔!

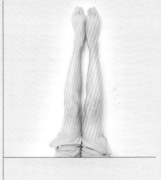

STEP.*7*

慢慢吐氣,收緊腹部,配合吐氣,用左右腳跟有控制地各自往右左下方開始展開後,由下往上畫一個大圓,直到雙腳伸直、在牆上會合。

STEP.*9* 進階練習:

可以盡量以腳跟帶動身體,往上爬,直到身軀幾乎於床面垂直,此時,血液倒流的效果會更快、更好。

復原動作：這個動作是屬於頭下腳上的倒立姿，所以在動作完成後的復原時，必須非常小心喔！

現在跟著Vivian老師的分解步驟，一步一步地慢慢來做喔！

a.輕吐氣後，將伸直的雙腿放鬆，上半身以手肘下推床的力量往頭後方後退，讓臀部開始離開牆面，下半身用雙腳跟推牆面的往下走，讓下半身慢慢回到床上，直到雙坐骨放回床上，把氣吐光後，雙手環繞雙腿，稍做休息。

b.再次吐氣收腹，雙手環繞雙膝，用收縮腹部的力量，試著讓雙膝來找頭頂或下巴，並且感受下背部的深層舒展。轉身朝左側躺後，再稍做停留。

c.伸直右腳，以手撐穩，慢慢坐起。

Point

1.初學者或臀部無法靠近牆面者，可以在下背部放一個枕頭作為後腰的支撐，保護脊椎。

2.為保護身體在最自然、最正確的順位做動作，請勿在太軟、會凹陷的床墊上做動作，避免身體左右力量不平衡。

3.初學者可以右左單腳各自分開練習，待熟練後，再雙腳同時做。

隨時隨地性感‧瘦

「Vivian 老師，您的課程一直是新生報名最多的，但近來有些停滯，所以想關心一下，不知道是什麼原因？」一天，任課舞蹈班的教務主任如是說……

主任的話如當頭棒喝，於是我開始檢討：是我教課不夠認真嗎？是教得太難？是學生不能吸收嗎？很多問號與疑惑在腦海盤旋著。

直到有天與一位初學者聊天之後，才知道自己大錯特錯了！

原來，我一股腦兒的想將技巧、舞步、舞碼教給學生，初學者根本就吸收不了。就算舞步、舞碼都記住了，跳起來就是沒有FEEL，覺得自己不性感。

聽完學生的話之後，我頓悟了，自己不應該一味追求舞技。

我也告訴自己：此後，在我的舞蹈課中，除了教舞外，一定要盡全力，以我的專業幫助所有學生變得更性感。

此外，我也發覺學生一週只花2小時來學舞，這樣對於瘦身怎麼夠呢？於是，我便開始發想並自創了這套在日常生活中也能「性感瘦」的方式，幫助學生成功地隨時隨地都能性感瘦。

想知道24小時如何生活瘦嗎？趕快看下去吧！

One 美姿美儀的
性感瘦

　　因著我對舞之熱情，加上對美之堅持，我常常激勵學生：「你們已經不再是平凡的上班族，你們是美麗性感的舞者喔！」

　　剛開始這樣說時，學生們會露出訝異及害羞的表情，但慢慢地，自信心就建立起來了！

　　我會耳提面命地告訴學生，學舞不只是在來舞蹈教室上課的那幾個小時，更重要的是能否運用到下課後的日常生活當中？

　　跳舞運動是一時的，美姿美儀是隨時的！！

　　現在，我要邀請你加入我們性感瘦舞美人的行列！

　　開始前，請先對著鏡子，深深吸一口氣，用充滿自信的語氣，以及非常自戀的眼神，對著自己大聲喊話：「我是個舞者！我是性感瘦的舞美人！」

　　Let's go！

性感瘦功效

找到核心的力量，落實性感瘦不復胖三招——
縮陰、提肛、收腹，修長身材，雕塑曲線。

STEP. *1*

雙腳輕輕靠攏站好，檢查腳
尖不內八也不外八。由踩
地的力量，像打氣一般，深
吸一口氣，然後再縮陰、提
肛、收腹，感受到胸口背部
因為空氣進入而擴張，再輕
吐氣提起左腳後，以腹部核
心之力，帶動脊椎一節一節
往天空方向延伸。

STEP. *2*

保持脊椎的延伸，慢慢開始吐氣，同時下巴微收，
放鬆肩膀、手臂，拉長頸部線條。再輕輕深吸一口
氣，用兩腳掌向下扎根，如同雕像的底座一樣，穩
如泰山後，讓上半身如同羽毛般輕盈，開展鎖骨，
胸口自然渾圓飽滿。

STEP.3

慢慢吐氣後，將重心移動到右腳，讓右腳內側有力，往下扎根，此時雕像的底座在右腳，也就是重心腳，此時，身體重心百分百放在右腳及右臀。

STEP.5

輕吐氣，用意志力收縮腹部，腳背有力，保持腳尖有力，來放鬆肩膀，修長頸部線條，雙手臂垂放於身後。最後，記得給自己一個發自內心、甜美又有自信的微笑喔！

STEP.4

當身體可以保持穩定後，藉由深呼吸，由內而外以核心之力量，拉長身軀後，將左腳的腳尖延伸後，讓左膝蓋的右後方內側，輕輕靠在右膝蓋的左方內側，此時，身體重心百分之八十在右腳。

Point

1. 站姿要向著內側肌肉用力，內側包括腳掌、大小腿和上下腹部。

2. 將外在的關節放輕鬆，包括肩、頸、手肘和膝蓋。

3. 初次體驗學習，建議配合呼吸慢慢練習及感受，多試幾次，逐漸內化後，就可自然呼吸。

4. 將意識放到身體後側多些，包括坐骨、腳跟、後背和頭頂，可讓身體前側顯得優雅喔！

性感瘦功效

改善彎腰駝背，強化核心，防止臀部下垂肥胖。

STEP. *1*

坐下之前先深吸一口氣，將
脊椎延伸，感覺胸口飽滿，
後背擴張，略略將肩膀上
提，讓上半身充滿力量。

STEP. *2*

要坐下時，用收腹的力量，想像
頭上頂著20公斤重的水缸，保持
頸椎後側的延伸，放鬆肩拉長肩
頸的修長線條，再吐氣，微微收
起下巴，膝蓋內側緊靠，讓坐骨
延伸去找椅座。

STEP.4

吐氣後，收縮左下腹，想像有一個拳頭像旋轉門一樣往左腹部擠壓，讓左腰往後，以逆時針方向帶動右臀及右腰往前扭轉。此時，雙膝會朝向11點方向，右坐骨在5點方向。

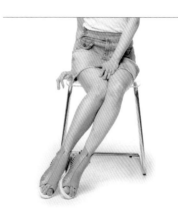

STEP.5

同時把重心移到左臀，讓右臀微提，保持膝蓋上提，腳背下壓，腳尖延伸，將小腿往內往右側收起。

STEP.3

坐在椅子二分之一處，把氣吐光後，腹部內縮，大腿延伸，讓兩個坐骨成為上半身的基座，如同燭臺底座一般穩定在坐椅上，並想像原來的水缸如同氣球般飄起來，讓上半身如羽毛般輕盈。再吸一口氣，膝蓋內側收緊靠攏後，將腳跟提起，腳背到小腿前側延伸。

STEP.6

微微將右耳上提，下巴往左側微收，
此時身體會成為美妙的三個彎S型。

性感瘦

STEP.7

最後，眼神含情脈脈地注視遠處，溫柔地放
電，你就是性感優雅美人。

─────── Point ───────

1. 養成性感瘦的好習慣，所有動作都讓胯部，也就是髖關節先開始動作。
   坐下時，恥骨往後找椅子，才坐下，起身時則用縮陰提肛之力起身，就
   能減輕膝蓋負擔，保持好身材喔！

2. 若是坐較硬的椅子時，提醒自己坐下時不要坐滿整個椅子，而能使腹部
   是主動有力來支撐著上半身，才可不斷地燃燒腹部核心肌群，同時讓上
   半身更顯輕盈優雅，自然展現名媛的大家閨秀氣質。

3. 若是要長時間坐在較軟的沙發時，則要找一個靠枕，讓背部有依靠，然
   後保持腹部繼續緊實，可以更放鬆肩頸，同時將大小腿和雙手指尖無限
   延伸，展現修長身型、有質感的性感魅力喔！

雲端名模
走路瘦身法

性感瘦功效

修長身材，減輕膝蓋負擔，瘦大腿，瘦小腹，翹翹臀。

STEP. **1**

先想像頂天立地的感覺，在預備踏下右腳前，先將意識帶到會陰深處，輕輕吸氣。同時將會陰上提內縮，從縮陰的力量延伸到腹部核心，用意志力將肚臍內縮3公分，吸口氣延伸頸部後側到頭頂線條，再以類似吞口水的方式，微微地收縮下巴內側肌肉。此時，身體重心百分之八十在左腳。

STEP. **2**

將走路的動力，從無意識用膝蓋帶動沉重上半身的舊模式，轉換為身體後側的力量。吸口氣有自信地邁開右腳，吐氣後，以腹部延伸到大小腿直到腳掌內側的力量，勇敢踏入地心30公分的感覺，同時以收腹及縮陰的力量，保持雙腿內側有力，提起左腳跟，此時身體重心百分百在右腳。

STEP. **3**

想像骨盆後側左右各有一隻手交互推動前行的力量，膝蓋後側也有上提的力量，放鬆膝蓋前側。

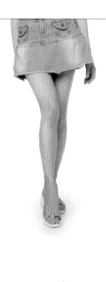

性感愛

STEP.4

啟動髖關節先動，也就是下半身先走。上半身持續保持延伸的美姿，告訴自己：「我是優雅的美人。」

STEP.5

行進間，意識來到下半身內側力量，每踩一步都要運用由腳底到小腿到大腿內側的肌肉。因為內側肌群的啟動，自然可提肛抬臀。再藉由左右重心的轉換，讓坐骨可以前後、上下、右左的S型帶動下半身前行。

STEP.6

因大腿內側肌肉的交錯、坐骨的S型進而讓腰部產生優雅的律動。自然而然清新脫俗地扭腰擺臀，展現渾然天成不做作的性感。

1.養成與自己對話的習慣，告訴身體去走出行雲流水的優雅感，讓上半身主動提氣，讓下半身可輕盈地行走在雲端上，輕飄飄地走。

2.想像每走一步就運用到核心的力量，燃燒內臟脂肪及惱人的大腿內側脂肪。

3.開心愉悅地走，因為越走越美麗，越走越「性感瘦」。

4最後，愛上走路、享受走路，每天元氣滿滿地越走越瘦，真是不瘦也難。

性感瘦走路法口訣

　　Vivian特別整理了「性感瘦走路法口訣」，讓你邊走邊從心裡開始性感瘦喔！

1.頂天立地：啟動核心力量，牽引上下半身延伸修長能量。

2.優雅美人：以身體後側骨盆的力量，推動讓下半身先開步走。

3.扭腰擺臀：藉由右左重心轉換，自然地讓肩、腰、臀產生S型的律動風情。

4.行雲流水：最後想像行走在雲端中，身體是輕盈的，腳步是輕巧的，樂在走路中。

5.祝福你愛上走路、喜歡走路、樂於走路、享受走路。在日常生活的忙碌當中，藉由一步一腳印，不知不覺中踏出你的好身材，走出你的迷人體態，邁向渾然天成的「性感瘦」！

Two
生活無處不在
性感瘦

性感瘦強調的是生活化，要讓姊姊妹妹們24小時都在性感瘦、隨時隨地都能輕鬆性感瘦。

秘訣就是：首先，你要成為一個「沒有肩膀跟沒有膝蓋的人」！

看到這裡，你可能會大喊怎麼可能沒有膝蓋？沒有肩膀？？

沒錯！就是要想像自己沒有肩膀，才會正確地使用到核心肌群、後背部、側腰和手臂內側，來啟動肩關節。

無論背包包、提重物，甚至夾菜、叫計程車時，都可以正確運用到腹部及後背還有手臂內側的力量。

這個秘訣不僅可以讓你在舉手投足間更優雅美麗，還可消除蝴蝶袖，並有豐胸、美背，擁有輕盈柔美的上半身曲線喔！

同樣的，也要想像自己沒有膝蓋，才會正確地使用到核心肌群、大腿肌群、腳掌來啟動髖關節走路、跑步和上下樓梯。

這麼一來，不僅可以保護膝蓋，更可以瘦大腿、小腹，鍛練出蜜桃翹臀及性感小蠻腰，擁有完美緊實的下半身曲線喔！

性感瘦功效

翹臀、瘦腹及纖細大腿。

STEP. *1*

要爬樓梯時，深吸一口氣，
並且想像自己是奧運選手在
參加跨欄比賽。

STEP. *2*

先緩慢吐氣收腹，右大腿
後側延伸，右下腹部緊
實，想像以腹部力量抬起
右腳。

STEP.3

每踩一步，都要像貓咪一樣用腳掌內側的
腳球著地，同時將踩地的力量，借力使力
延伸到整條腿的內側，包含從大腳趾，到
腳踝、小腿、膝蓋，直到大腿，有意識地
出力。

STEP.4

最後把這股往下踩踏後向上延伸的力量，
經過會陰處，再延伸到坐骨，此時要感覺
腿部內側的緊實有力，及臀部的渾圓堅
挺。

Point

1. 往上爬樓梯時，要保持膝蓋不緊繃有彈性，將出力集中在腹部，並一直
保持坐骨延伸有力。

2. 有時身體狀況佳、體力許可時，可以進階訓練，一次踩跨2層階梯。這時
稍微拱背，更多的收縮腹部，大腿有卡進身體的感覺，膝蓋可來碰到胸
口。此時，可感受到大腿內側的燃燒及臀部的緊實。

下樓梯時，
練提臀、小蠻腰

性感瘦功效

瘦腹提臀，小蠻腰。

STEP.1

要下樓梯前，先吸一口氣，想像自己是母儀天下的武媚娘，頂著5公斤重的霞冠。所以上半身要自動收腹提氣，再輕吐氣，下巴微收，以頸椎後側延伸到頭頂綁馬尾之處，穩定霞冠。

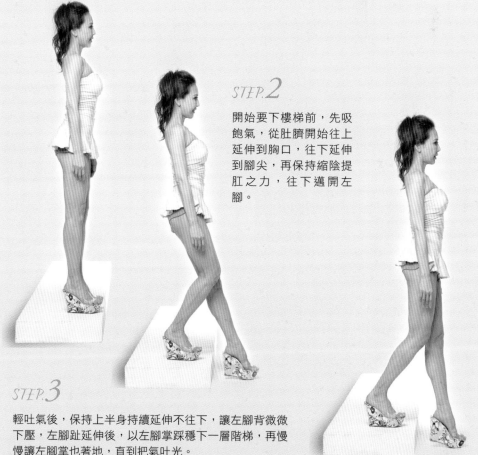

STEP.2

開始要下樓梯前，先吸飽氣，從肚臍開始往上延伸到胸口，往下延伸到腳尖，再保持縮陰提肛之力，往下邁開左腳。

STEP.3

輕吐氣後，保持上半身持續延伸不往下，讓左腳背微微下壓，左腳趾延伸後，以左腳掌踩穩下一層階梯，再慢慢讓左腳掌也著地，直到把氣吐光。

STEP.4

輕吸一口氣，以縮陰
之力，先移動右胯，
並且提臀，延伸右大
腿後側後，想像右膝
蓋前側放鬆，但後側
上提的力量，將右腳
的腳跟離開現在踩這
層階梯。

STEP.5

再吐氣，延伸右大腿內
側重複動作2到4。

STEP.6

換成右腳往下踩下
一個階梯。

Point

1. 下樓梯時，要想著下半身先往下，但上半身留在上面，不想往下走的力量。

2. 感覺地心引力從肚臍以下拉著下半身往下走，而肚臍以上的上半身，因為
有主動用縮陰收腹的反作用力，來對抗地心引力，所以腹部會有類似橡皮
筋被延伸拉長的感覺，同時腰也因為腹部的延伸而變細了。

3. 每次踩在階梯時，要用腳掌內側的力量，再帶到大小腿內側，再從恥骨
連結到坐骨，想像把大腿內側的肉肉，踩到臀部蜜桃線的地方。每踏一
個階梯，都要想著大腿變細、臀部變翹喔！

性感瘦功效

緊實下半身、
瘦小腹、瘦大腿內側、鍛練蜜桃線。

STEP. *1*

深吸一口氣,先想像自己是個美麗的
飛天希臘女神雕像,從頭頂、脊椎到
會陰,到大小腿內側,不斷地上下延
伸拉長。

STEP. *2*

吐氣後,腹部有力,想像有一個寬腰帶 hold 住
脊椎,讓肩膀由前往後轉開後,使鎖骨展開,讓
胸口也可以自然而然地打開。下半身則收腹後以
縮陰之力,讓右腳離地,開始準備讓身體重心轉
移到左側。

STEP.3

輕吸氣，繼續用縮陰之力把右腿提起。
此時想像身體如同一個大大的十字架，
而左腳是垂直地板的主支架，支撐身體
的重量，此時重心百分之百在左側。

STEP.4

慢吐氣，力放丹田，將右腳延
伸輕靠在左膝蓋內側，左腳往
下扎根，如同雕像的底座，而
上半身輕盈如羽毛。雙手則可
以優雅的輕放在前方。

Point

1. 平時是用兩隻腳站立，現在只用一隻腳站立，可有效緊實下半身，對於
   美姿美儀也有非常好的效果。

2. 現代人長期使用慣用手、慣用腳，久了會慣用邊較靈活、較強壯或較緊
   繃，左右的單腳重心訓練，無論對於維持身材外觀、美感的對稱性，與
   恢復身體正確的順位，都有很大的助益。

3. 單腳平衡訓練，也可以刺激到我們的左右腦及大小腦。沒想到多練習平
   衡，還可以變聰明喔！

搭捷運能瘦腿、翹臀又有人魚線

性感瘦功效

練人魚線、瘦腿、翹臀。

STEP. **1**

每次都像想要去滑雪的心態，登上捷運後，面向車窗，測量雙腳朝與肩同寬的距離，與車廂呈45度的方向，以蹲馬步下盤穩定的方式站穩。

STEP. **2**

在捷運列車行進時，自然呼吸，保持腹部微收有力，想像有一個腰帶hold住脊椎，讓肩膀可以輕鬆，雙腿內側有力，讓臀部略往後撅，意念帶到核心，感覺兩腿中間到胯下有一個磁場，吸住地底，像是穿著雪靴踩在厚厚的雪地中一樣，穩穩地站立。

STEP. **3**

當每一次要剎車時，先吸氣，再輕吐氣，讓後腳微彎，重心帶到後腳，感覺下腹部緊縮，鍛練到大腿及臀部。

STEP.4

變化式：

a.背包包時，就將雙腳站比臀部再寬一個腳掌的距
　離，將包包放在後腿外側，再用側腰及手臂內側的
　力量將包包夾緊在腋下，就可鍛練到腹部、側腰還
　有byebye袖，還可減輕肩頸負擔，一舉數得。

b.遇上剎車時，因為加上了
　包包的重量，地心引力會
　讓重力加速度更強，此時
　要讓核心更有力地收縮，
　帶動下半身大腿及下腹部
　還有臀部的張力，借力使
　力，以加強身體自身對抗
　反作用力的能量，便可
　以同時更有效鍛練到腰、
　腹、臀、腿喔！

Point

1.因為車廂是會前後左右晃動的，剛好類似像滑雪時，雪地有著高低起伏
　不平，借此訓練核心及穩定度。

2.記得要讓左右腳換邊，交叉訓練。

3.要選站在有扶把的位置，隨時留意，若是緊急剎車時，就要趕緊握好把
　手，以策安全。

瘦小腹，小蠻腰，消胃凸。

STEP. *1*

以雙膝併攏的坐姿，坐好後，將意識
專注在呼吸及腹部核心的地方。

STEP. *2*

啟動耳鼻深處的力量，用鼻子深深吸
一口氣，感覺肺部充滿空氣，胸部因
此擴張，腹部也鼓起膨脹。

STEP. *3*

氣吸到最飽之後，hold 住氣約 2 秒。

STEP.4

意識來到腹部，專注在丹田，也就是肚臍下3公分的位置，慢慢地用意志力控制肚臍往內縮的力量，把氣慢慢從鼻子吐出來，此時，原本鼓脹的肚子，會像慢慢放氣的皮球，往肚臍處360度地凹陷。

STEP.5

持續慢慢吐氣，再啟動縮陰縮肛的力量，將尾骨、恥骨往肚臍的方向，像打個勾般捲起，此時感覺下半身緊實有力。

STEP.6

當氣快吐光時，想像腹部深處有個拳頭，像萬聖節清空火雞內部的方式，朝肋骨內方向猛烈加壓挖空，嘴用力呼氣，把最後僅存在肺部的空氣完全吹出來，此時，左右肋骨會關起來，直到胸口內縮。

STEP. *7*

最後輕輕吸氣，讓脊椎慢慢延伸開來，
回到輕鬆坐姿，與自然呼吸。

Point

1. 動作5一定要空腹做，因為如果腸胃有食物，會影響腹部加壓及造成不適感。動作1－4則可飯後1小時後做。

2. 剛開始練習時，有時會感覺如同抓兔子催吐時般，有點噁心感，是因為運動腹部深層的核心肌群，還有胃部及食道被按摩擠壓到所造成，多練習就可漸漸適應。

3. 不必要求椅子的軟硬度，重點在專注於核心及呼吸即可。

PART. 4

什麼？睡覺也能瘦？！

在某個美麗的週末早晨，我緩緩地從美夢中甦醒時，觀察自己的腹部有著如同大海中浪潮翻覆的起伏……原來我在睡眠中，依然保持著腹部呼吸！

回想之前體重爆表，外型被說像大嬸時，我每一週都要教15到20小時的有氧課程，運動量非常大。這幾年下來，雖然我運動量變少了，但是我沒變胖，反而變瘦了！

為什麼？

原來，以前就算運動量大，卻一直沒有睡夠、睡好。所以隨著年齡增長，新陳代謝下降，就會虛胖，體脂慢慢升高。

而這幾年，當我自創性感瘦，再配合睡得飽，自然而然就瘦下來了。

自己的實證經驗，讓我深刻地感受到，不是運動量大就會瘦，而是要配合開心的運動、日常生活的美姿美儀，最後的關鍵就在於「睡眠瘦」。

睡眠真的是對美麗及瘦身很重要喔！

現在就跟著我，好好把握每天睡眠的黃金8小時，成為越睡越瘦、越睡越美的易瘦體質睡美人喔！

睡美人腹式呼吸法

睡覺打呼，影響瘦身

請想像一個穿著性感蕾絲睡衣、身材火辣的大美女，若她睡著後會鼾聲大作地打起呼來，那麼性感度一定大大扣分。

造成人類在睡眠時打呼的因素很多，也很複雜。總之，入睡後由於呼吸道肌肉張力降低，呼吸道變得較狹窄，造成呼吸氣流的進出遇到的阻力，需要更用力吸氣，而產生打呼的現象。

現在 Vivian 單單以「性感瘦」的角度，針對胸式呼吸及腹部呼吸來解釋，你在睡眠中所用的呼吸方式對打呼及減肥的影響。

打呼時，鼻子會用力吸氣，只有胸口起伏，沒有吸到肺部深層，而吐氣時會不加控制地直接把氣放掉，所以呼吸是急促又淺薄，沒能徹底使用到呼吸器官，讓呼吸系統進行順暢又深層的呼吸。

對的呼吸法，邊睡覺邊瘦小腹

不同於胸式呼吸或鼻式呼吸是淺層的呼吸，腹式呼吸是深層的呼吸，好比：鼻式呼吸是「洗澡盆」，胸式呼吸是「游泳池」，而腹式呼吸是「大海」，是深層的呼吸，所以可以藉由空氣更大量地進出，增加肺活量，而使得肺部空間大小的變化落差更大，進而所形成腹部

的起伏也越明顯，所以在睡眠中，腹部能繼續被動式的運動，持續塑身瘦小腹。

性感瘦的睡美人腹式呼吸法

現在，你已經知道腹式呼吸法好處多多，接下來，就跟著Vivian老師來學習性感瘦的睡美人腹式呼吸法，讓你不只不會讓打呼聲破壞你的美麗及性感，也因著充足的氧氣，讓你邊睡邊美容，而越睡越美麗，也邊睡邊燃脂，而越睡越瘦喔！

STEP. 1

如同平常時睡前的習慣，將雙腳彎曲腳跟靠近坐骨站穩，雙手手心朝上，仰臥躺在床上，眼睛注視著肚臍眼下三公分的丹田處，保持自然呼吸。

STEP. 2

最後一個吐氣後，將右手放在下腹部肚臍下恥骨上之處，左手放上腹部，肚臍跟肋骨中間。

STEP. 3

用意志力想像要吸氣吸到會陰處，氧氣要充滿骨盆腔的感覺後，深深吸一口氣。此時，想像腹部是一個馬戲團的大帳篷，腹部將會像是帳篷在充氣時，從肚臍中間膨脹鼓起，右手會比左手先被推動。保持吸氣，直到腹部如同台北小巨蛋圓弧型的屋頂，呈現360度的飽滿度，胸口肋骨也同時被擴展後，微微用鎖喉的力量，停止繼續吸氣，並止息1到2秒。

STEP. 4

吐氣時，要先想像腹部是烤好的圓型海綿蛋糕，放置一陣子，冷卻後要慢慢往下塌陷的感覺，所以要用非常緩慢的速度開始吐氣。此時，肚子會往肚臍內一直內縮，也要同時感覺腰圍也縮小往內。雙手可幫忙加壓，將身體中的空氣完全清出。

STEP. 5

睡眠版：

當熟悉動作1－3後，可開放練習正式的睡眠姿，雙眼輕閉，雙腳伸直打開，手心朝上。啟動潛意識，將剛剛所看到的畫面，重新在腦海中上演一次，加上身體本身的記憶，再重複動作1－3。

Point

1. 若是初次練習無法掌握或感受空氣進入腹部的感覺，除了用雙手幫忙，也可用瑜伽磚、小球、毛巾等來做為吸氣時空氣進入腹部的阻力，及吐氣時空氣離開的助力，可以更具體化感受。

2. 無論是開眼或閉眼做動作，除了觀察身體的變化，還要以瘦身為前提，去感受腹部不停地隨著呼吸，像大海的海浪一樣，生生不息地在進行波動式運動，就可以在睡眠時也在做輕柔又深層的腹式運動，不僅塑身、細腰，而且身體的線條會是由內而外、柔美優雅有彈性的。

3. 睡前做性感瘦睡美人呼吸法時，可同時冥想氧氣不斷地藉由深層的呼吸進入身體，讓全身的細胞都得到氧氣的充分滋養，重新活化，啟動返老還童的自動更新機制，讓你在睡眠中有好心情，隨著如浪潮般的呼吸，在滿天星辰的包圍下安然入睡。

Two 睡美人裸睡法

怎麼樣的睡法最性感？當然是裸睡喔！

我問了眾多姊妹好友，竟然百分之九十都未曾裸睡過耶！可見國人相對於歐美是保守許多！

裸睡其實好處多多，還可有助美容減肥！！

你聽過「光臀族」嗎？這是起源於 70 年代的美國，盛行裸睡的風潮。當 80 年代傳到日本後，光臀族成為全國性的運動了！在日本北海道專研裸睡的丸山淳醫生說：北海道某個小村的居民都有裸睡的習慣，他們全村都不會失眠，而且身體健康。

Vivian 以前是手腳冰冷之超級怕冷一族，睡覺時總會全副武裝，夏天時開冷氣、蓋厚棉被，冬天時開暖氣、穿厚睡衣，寒流來襲時，還要加毛襪，就差個毛帽及手套，就可去滑雪了！

後來，在國外長大的未婚夫感召之下，勇敢地嘗試「裸睡」，結果好得無比。當我脫去衣物的束縛後，感覺更加輕鬆自在，讓我在睡眠時，身心靈能得到徹底的放鬆，能進入更深層的睡眠，使我的睡眠品質更好，也更容易入睡，幾乎不再發生失眠的狀況。也因為沒有衣物的束縛，讓血液循環更順暢，讓手腳冰冷的現象也大大改善了。

再來，我的體溫因為直接接觸棉被而產生的熱氣對流，成為天然

的蒸氣，讓我的棉被成為人體蒸氣包，在睡眠中提升新陳代謝率，裸睡反而會越睡越溫暖，讓我在睡眠中，躺在床上就能享受黃金8小時的DIY睡眠瘦身Spa。

而且，在皮膚與棉被之間所自然產生的人體天然蒸氣「濕潤熱」，能幫助皮膚呼吸及再生，有助美容，促進新陳代謝，增加免疫力，越睡越美麗，也因此，Vivian常常被姊妹吃豆腐，邊摸我的大腿手臂，邊稱讚我的皮膚很棒，骨溜！骨溜！這都要感謝裸睡中的「濕潤熱」所製造出來的「性感瘦睡美人牌」美膚精華液！哈哈！我鼓勵你也來試試看。

裸睡除了讓我好眠、瘦身和美膚之外，還有附加的好處喔！

比如說：我早上起床便便時更順暢，神清又氣爽。因為裸睡時沒有內衣褲的壓迫感，使我的消化神經系統能更正常運作，無論是有慢性腹瀉或長期便秘的朋友，都不妨試試看。還有，對女生私密處的保養也很棒，可避免小褲褲在睡眠中成為黴菌滋生的溫床喔！

最後還有一些說法是，裸睡可以增加對自己身體的自信心，進而增加自信，裸睡真是太棒了！

還有裸睡有助授孕，這就一切盡在不言中了！

現在就慢慢打開你的心房，跟著Vivian循序漸進地來體驗神奇的裸睡吧！

裸睡前的預備事項

1.若是真的很不習慣一次就脫光光來裸睡，可以先從脫掉睡衣開始睡個幾天，再慢慢脫掉內衣，最後才連內褲也脫掉，進入完全的裸睡狀態。

2.預備裸睡前，家中房門記得鎖好，有小孩的，可以事前教導他們相關隱私教育，並且將睡衣或睡袍放在伸手可及之處，便可放心裸睡了！

3.家中有多人同住時，要特別注意尊重他人，避免失態。

裸睡法步驟

性感瘦功效

可開啟身體五感覺知、瘦身、美容養顏、增強免疫力、提升自信心及性感能量。

1.先洗一個香噴噴的美人澡，再依照個人習慣，細心擦上臉部及身體的保養品。

2.準備舒適的枕頭及棉被後，可在枕邊灑上些許薰衣草精油，藉由助眠的馨香之氣，營造浪漫的安眠氛圍。

3.將睡衣或睡袍擺在隨手可及之處，然後以愉悅但平靜的心情，掀開被子，優雅地鑽入被中。

4.進入被子後，首先開啟觸覺，去感受肌膚與被子間的觸感，想像肌膚被輕輕撫摸的感覺，充滿了安全感與滿足感。

5.再深吸一口氣，打開身體的嗅覺，悉心嗅聞，精油瀰漫在臥房中清新的香氣，再讓身心靈更放鬆。

6.接著關上燈，輕輕閉上眼睛，用性感瘦睡美人腹式呼吸法，進入更深層的呼吸。此時，打開潛意識的視覺，用心裡面的眼睛，注意力

先專注於腹部，開始觀察身體因為呼吸帶來的變化，似乎看見腹部深處在和緩地運作著，也看到每一寸肌膚都在開心地帶著微笑在呼吸，每一個細胞都在像換衣服般地更新蛻變。

7.當進入順暢的睡美人深呼吸後，再來打開聽覺，從近到遠，再由遠到近去聽每一個聲音，然後，不要排斥它，要包容它、接收它，與它共存。接著，練習進入淺意識聽覺，試著聽見自己用很溫柔清晰的口吻，告訴自己：「我愛我自己，我會越睡越瘦，我會越睡越美，我一天比一天更健康，更美麗。」然後，為每一天獻上感恩。

8.最後是味覺，此時，要讓味覺徹底放鬆休息。現代太多加工的食品已經讓味覺錯亂，讓人依賴重口味、辛香料。我們也利用寶貴的睡眠時，讓味覺回歸到最自然最原始的狀態。所以，很細微地去品味你舌尖的味道，然後記住這清淨的感覺，讓你的味覺被更新。最後，用舌頭仔細清潔每個牙醫及牙齦後，放鬆它，也可以避免磨牙。

Point

1.不一定要裸睡才能練習，若是穿著衣物，就先將注意力放在衣物於身體的接觸感，以及衣物與被子的雙層磨擦感，然後釋放它們，像是裸睡一樣地無負擔。

2.五感練習，可以依照個人習慣來進行，不一定要照以上所寫的順序，也不用每一次五感都要操練到，可以交互搭配來做。

3.建議可以寫下性感瘦睡美人日記，記錄一天的重要事項，還有睡眠狀態，做夢的紀錄。

4.練習2到3週後，性感瘦睡美人睡眠法就會自動內化，成為你健康、美麗、性感瘦的睡眠模式，讓你的大腦煥然一新，讓你的身體機能無限開發，基礎代謝提升，成為性感瘦的瘦子體質。

學用精氣神，
讓你不復胖！

三把鑰匙，
一次健康、美麗、性感

　　精氣神？相信你一聽到，一定會滿頭霧水地問：「這不是中醫或是太極強調的嗎？跟性感、瘦身有什麼關連啊？」

　　還記得我第一次接觸瑜伽是在20幾年前，當時我教的都是動態的舞蹈課程。首次上瑜伽，好動的我，心定不下來，加上折來折去，一個小時的煎熬，讓我苦不堪言。就這樣，與瑜伽第一次的約會，在我腦海中留下不愉快的印象，同時也以為瑜伽只不過是在折來又折去。

　　過了幾年，看到媒體大肆報導國外流行天后瑪丹娜用瑜伽及皮拉提斯健身，在她的感召之下，我再次去體驗瑜伽，而且是熱瑜伽，上完課，身心靈得到無比的釋放，從此與瑜伽重新結緣。

　　藉由練習瑜伽，我深刻感受到外柔內剛的力量，透過呼吸從核心來牽引肌肉來做動作，更安全有效，卻又更優雅柔美。更棒的是，藉由瑜伽，我的肌肉線條變得更修長，身體骨架變得更纖細卻有力。

　　舞蹈，是我的曲線燃脂機；瑜伽，就是我馬甲線的隱形塑身衣！

於是，我認真學習鑽研瑜伽，同時將瑜伽所學轉換在我的舞蹈課中，當我在練瑜伽時，也把舞蹈的美學融入進去，如此一動一靜，產生奇妙的火花。

後來，隨著工作室開幕及準備寫書，練習瑜伽的時間也減少了，於是我開始思考：如何讓瑜伽可以內化再生活化？怎麼樣可以讓瑜伽特殊的功效用在瘦身美容？並且讓身心靈能保持在完美平衡的狀態？讓就算沒辦法抽出時間運動、做瑜伽的姊妹也能24小時性感瘦？

後來，我便開始用瑜伽的「鎖印」（Bandha），來發想專屬於性感瘦，可以維持身心靈健康美麗，又能不復胖的性感瘦精氣神三招。這三招就好像是開啟身體健康、美麗、性感的三把神祕鑰匙！

「鎖印」（Bandha）（梵文字義：lock鎖住，關閉，封鎖）

性感瘦三個精氣神之性感鎖印：

「精」——性感之鑰
根鎖：骨盆底，生命之根，像是後門，鎖住精氣能量，穩定下半身。

「氣」——健康之鑰
臍鎖：腹腔核心，生命之火，像是引擎，啟動能量，點燃生命。

「神」——美麗之鑰
喉鎖：腦頸肩胸，生命之光，像是前門，淨化提神，人之表象。

現在跟著Vivian一起來練習搖曳生姿美樹式，讓這三把鑰匙一起打開你的性感瘦喔！

STEP. *1*

縮陰

以美人站姿預備，輕吸一口氣到胸口，並
將右腳以縮陰之力提起右腳跟離地，同時
慢慢開始轉移身體重心。

STEP. *2*

收腹

慢慢吐氣、收腹，將右大腿以雙手環抱在
胸前，直到完全把氣吐光。此時，身體重
心百分之百放在左腳。

STEP. 3

再輕吸氣，保持左膝蓋微彎，重心穩定後，將右大腿從大腿根部外旋的方式，像翻書一樣翻開，再將右腳掌放在左大腿內側，初學者可以右腳尖放地板上，右腳掌放左腳踝。

STEP. 4

縮陰＋收腹輕輕吐氣，用收腹縮陰之力，將大小腿內側往地板下扎根，好似要踩到地心裡一樣，再用對抗地心引力的反作用力，將左腳從內側伸直，收腹，待重心穩定後，展開鎖骨及胸口，雙手合十。並且檢查兩邊的髖關節有無一高一低，要用意志力放鬆高的那一邊。

STEP.5

鎖喉＋收腹＋縮陰三合一，將
左腳跟腳掌都平均地踩好地
板，深吸一口氣，將合十的雙
手，從身體的中心線，畫一個
拋物線延伸到天空，來到頭頂
上。再用鎖喉的力量，延伸後
頸部，再將意識帶到核心，穩
定下半身再用縮陰提肛收腹之
力，像是大樹的樹根一樣，往
地心扎根，維持身體的平衡。

最後，以平靜喜悅的心情，來
享受忙碌生活中片刻的寧靜，
與自己對話。不但以感恩的心
來欣賞鏡子中美麗的自己，並
且將這個修長優雅的身形烙印
在腦海中，使身體自然而然地
產生記憶，就可在日常生活當
中，時時刻刻用「性感瘦」這
三大招，雕塑完美體態了！

STEP.*6*

身心靈合一進階練習：

沒有鏡子時，保持自然呼吸，持續維持鎖喉、收腹、縮陰的能量，讓雙手合十來到胸前，兩眼專注遠方的一點，專注在呼吸當中。再用平和柔美的心情，往內心深處去注視自己美麗的靈魂，同時練習用溫柔卻堅定的能量，來維持身體的平衡，再想像自己在日常生活中，也能如此這般不疾不徐地面對動盪與挑戰，讓身心靈得到徹底的自由與釋放。

Point

1. 將意念多放在後面的腳跟及坐骨，以減輕膝蓋負擔。初學者可以先靠牆練習。找到感覺後，可想像背後有一個隱形的牆，讓平衡時更有安全感，確實用到腹部力量，讓肩膀得到放鬆。

2. 將樹式縮陰、收腹、鎖喉的感覺，帶到日常生活的每一刻當中，就會像是有一個由內而外的隱形塑身衣，24小時穿著，永保樹木不會長歪，贅肉永遠沒有出頭天喔！

3. 搖曳生姿美樹式也可想成是在拉弓箭，右手、右腰是箭，左側是弓弦，左腳跟是弓座。

4. 也可以雙人一起來練習搖曳生姿美樹式，效果加倍喔！

Two
性感的鑰匙：
「精」——縮陰法

本書強調的是「性感瘦」，那麼這一篇就是最正中紅心，與最臉紅心跳的、有關愛愛之道的一篇喔！

幾年前，有個媽媽因為子宮摘除，醫生建議一定要運動，而來找我學舞。她說，手術後還會有尿失禁的問題，我聽完馬上告訴她：「那麼你真選對了！我會透過性感舞蹈，教你如何縮陰提肛，只要你認真練習，絕對可以幫助你擺脫困擾，恢復自信與健康。」

人體的下腹部是非常重要的部位，包含生殖系統、消化系統和泌尿系統。人類的肌肉分成三種，分別是骨骼肌（隨意肌）、平滑肌（非隨意肌）和心肌（非隨意肌）。

會陰處的隨意肌剛好連結到非隨意的平滑肌，所以練習控制會陰處，是可以間接或直接刺激到我們的生殖、泌尿及消化系統。

而會陰處是隨意肌，所以需要啟動大腦傳導神經控制肌肉來運動，此時，喚醒我們對身體的覺知，就變成異常重要。

打個比方，想像人體腹部是個漏斗，所有五臟六腑擺在其中，有好幾公斤重，此時，會陰處就像漏斗的底部有一個塞子，喚醒意識時，就是塞子常常是緊密又上提的，將漏斗中的器官都牢牢地hold住固定好。

反之，如果塞子沒有塞好，或是根本沒塞，經年累月下來，所有內臟的重量勢必讓塞子被動地鬆弛，更加無力，彈性疲乏、尿失禁、子宮下垂等毛病也跟著來，真是讓人聞之喪膽，更別說有性福可言。

而女性的會陰處，就像是一把鑰匙，看管生殖與排泄的大門，不只掌控著你的健康，也能掌握你的性福喔！

若是常常縮陰提肛，又有何好處呢？

首先，就外型來說，因為收縮會陰處且提肛的同時，腹部也會同時緊縮，便有平坦的小腹。

再者，下腹部有力，可以減輕下背部的壓力，同時擁有優美健康的下半身曲線。

最後，除了如前文所強調，對於生殖及泌尿系統有絕佳保健之外，更能提升對於愛愛時的敏感度，給你心愛的伴侶青春、緊實、有彈性及節奏的美好銷魂感受喔！

原來縮陰提肛的好處這麼多，現在就跟著我一起來啟動這把性感的鑰匙吧！

幸福橋式

預備動作 ————————————————————————————
平躺在後，保持肩胛骨穩定，肩頸放鬆，將雙腳彎曲收進骨盆的寬度，再用腳掌
內側力量立穩，檢查腳掌不外八。

☆動作1～4為一回合，每天可依身體狀況做3到5回合。
☆女性月事來也可以做，但動作放輕緩，憋氣可縮短到5秒就好。

STEP. *1*

輕吸一口氣，藉由腳掌往下踩之力，將臀部以
拋物線方向，先往天空，再往膝蓋後側推伸。

STEP.2

將臀部推到最高處時，慢慢吐氣，啟動縮陰的力量，再
帶動大腿內側的力量將雙腿拉近，最後將膝蓋夾緊，直
到把氣吐光。

STEP.3

把氣吐光後，持續維持臀部在最高
處，憋氣 10 秒，用意志力，想像將
會陰往頭頂處吸納緊縮，同時也將
肚臍內收到最多，臀部再夾緊。

學用精氣神，讓你不復胖！

STEP.4

數完 10 秒後，慢慢用鼻後輕吸一口氣，鬆開會陰、膝
蓋，將臀部慢慢降下，回到預備動作。

Three
健康的鑰匙：
「氣」──收腹法

氣＝呼吸。呼吸也要很性感。性感瘦能讓你在呼吸時，也一直不停地變美！變瘦！變性感！

好友找我合作開發改良式運動塑身衣，開會時，聽到一個與塑身衣相關的故事。

好友的客戶有次跟男友一起到健身房試跳有氧舞蹈課程，愛美的她，為了在男友面前展現最佳狀態，所以就化了美美的妝，還穿著塑身衣去上課。一時人多爆滿缺氧，她又沒有運動習慣，上課後不久就昏倒、休克，馬上緊急送醫，還好沒大礙。

她為何會休克？就是因為「缺氧」，因為穿塑身衣，血液集中在腹腔，無法供應到腦部，而昏倒休克。

後來我突發奇想，抱著挑戰自我的實驗心態，穿上好友開發的塑身腰封來運動，一小時下來，沒有任何異狀，只是比平常喘一些。

為什麼我沒有昏倒休克呢？

除了我有保持運動，心肺功能較優之外，還有一點很重要，就是我長期以來養成腹式呼吸的習慣。所以雖然穿著緊身塑身衣，我的腹部還是有力的，可以與塑身衣的加壓相抗衡，幫助我吸到足夠的氧氣，不會因為被塑身衣制約後而無法呼吸。

在更進一步探討氣之前，先來檢查一下你平日的呼吸習慣！

你吸氣時是否會聳肩？

你吐氣用的時間是否比吸氣短？

你吸氣時，是否腹部會脹得比吐氣時大？

如果以上三個答案都是「是」，你有可能已經習慣只用到胸式呼吸，而非更深層的腹式呼吸。

我想再次強調：呼吸對保持健康及美麗真的很重要。人健康了，也就不容易發胖。從最源頭養成正確的呼吸法，可以讓塑身事半功倍。

內臟脂肪bye bye的神奇纖腰瘦腹法！

我們平日所呼吸的就是「氣」，所以我想再多花一點時間來認識「氣」。

丹田位於肚臍下一寸，也大約是 3 公分之處。歌唱老師會說，用丹田唱歌才會唱得好，太極拳中也提到「氣沉丹田」。

而肚臍則是當胎兒在母親肚子裡時，賴以傳送養分及氧氣的重要通道。我們若能常常練習肚臍的控制力，就能夠藉由呼吸來做腹部核心的運動。

人體的腹部肌群有四層，由內而外依續為：腹橫肌、腹內斜肌、腹外斜肌、腹直肌。

有關馬甲線，我個人傾向練最核心的腹橫肌，也有人稱之為腹環肌。它像是一條寬腰帶，包覆著腰椎，可以固定及保護我們的腰部。當我們常常練習，讓核心肌群強健有彈性後，就可讓我們呼吸得更順暢，肺活量增加，氧氣多，活力多，人就健康。

還有更棒的是，因為腹部結實有力，就能自然而然地擁有小蠻腰、平坦腹部和性感瘦的S型身形喔！

以下，我將介紹自創的「神奇纖腰瘦腹法——肚臍神功」。

這個方式是用意志力來控制核心收縮，讓腹部有力，好像穿了隱形束腰馬甲，不但可以瘦身，而且對於養成腹式呼吸的習慣很有幫助。

因為練久了，每次示範時，學生都會驚呼：「老師，你的內臟去哪裡了？」（還因此開玩笑稱呼我是「沒有內臟的人」。）

現在，就跟著我一起來練肚臍神功：神奇纖腰瘦腹法！！

神奇纖腰瘦腹法　　性感瘦功效

消除內臟脂肪，增加肺活量，雕塑小蠻腰及3D外雙C馬甲線。

預備動作

1.雙腳站立與骨盆同寬。
2.中腳趾正對前分，外腳掌平行，不外八內八。
3.肩膀放鬆，雙手放在身體兩旁。

STEP. *1*

用鼻深而緩地輕輕吸一口
氣，感覺腹部延伸至胸部
還有頸部前側的擴張，將
頭微微後仰。

STEP. *2*

用嘴非常緩慢並且有控制地吐
氣，開始做鞠躬的動作，並且
運用意志力收縮肚臍，同時收
下巴、捲尾椎，感覺肚臍深處
有一股吸力，將頭頂及恥骨向
腹部漩渦狀拉進來。

STEP.3

氣吐光後，雙手插好腰，
支撐好身體不動，用鼻子
深吸氣到腹部，同時雙眼
直視腹部的鼓起。

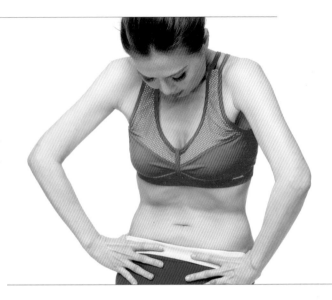

STEP.4

再用口慢慢吐氣，同時縮陰、縮肛並夾緊臀部，將
下腹部收縮到最緊最小。同時將肋骨還有鎖骨也一
起內縮，此時，腹部內凹有如一個倒立的碗公。

STEP.5

氣吐完後，將肚臍 hold 住，
保持腹部八分有力，再輕輕
吸一小口氣。

STEP.6

最後一次吐氣時，是直立式
的，順著脊椎，由下腹部到
肋骨，形成一凹巢。此時，
觀察原來扁平狀的肚臍，要
因為腹部垂直用力後，變成
會微笑的肚臍喔！

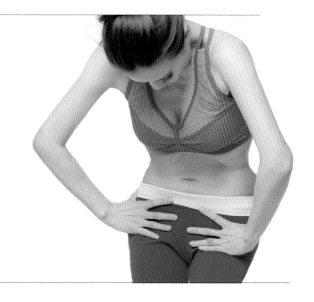

STEP.7

氣留3分後，用意志力告訴自己，想像3天沒吃飯、一個月沒吃飯、三個月沒吃飯。不斷用肚臍內縮的力量，讓整個上中下腹部完全凹陷，有如內臟完全消失的樣子。並hold到極限，數10秒後休息。

STEP.8

最後慢慢回到自然的站立姿，並且放鬆肩頸自然呼吸。

Point

1. 一定要空腹四小時以上來做。

2. 穿中空、露出腹部的服裝，並且要看著鏡子練習，觀察腹部的狀態。

3. 練完後可多喝一杯500cc溫開水，幫助腸胃蠕動。

4. 間隔30分鐘後用餐，可多吃優質蛋白質。

5. 動作1到8為一回合，初學者一天一至兩次，平常時一天可2到3次，切記一定要空腹練習喔！

6. 初次練習可能會有頭昏暈眩感，是因為深層呼吸，大腦供血不及，只要多多練習，身體就會適應。

Four

美麗的鑰匙
「神」──鎖喉法

　　學生常問我：「Vivian 老師，你為何這麼有女人味？舉手投足都好有魅力？」「老師，如果我像你這麼高，就好了！」

NO！NO！NO！這輩子，我最容易誤導別人的兩件事：

一，經常被很多人誤以為我身高165公分。
二，大多數人以為我是個性溫柔的小女人。

　　事實是我號稱160cm，再者我個性很像小孩子，又大剌剌、口直心快的，不怎麼溫柔！哈！

　　看起來高，當然是性感瘦的功勞！
　　看起來很有女人味，也是性感瘦的功勞！

　　我一直強調性感瘦是由內而外的性感，所以在前面幾個單元，我分

享了怎樣從肢體動作來性感瘦，包括：舞蹈瘦、隨時瘦、呼吸瘦、睡眠瘦、美姿美儀，在這章我想分享心靈跟精神層面的技巧。

我常說，熱情的舞蹈是我的最愛，溫柔的瑜伽是我的知己，性感瘦就是我兩者合而為一的真愛！

舞蹈是瑜伽在跳舞，瑜伽是舞蹈在休息，性感瘦讓呼吸成為瑜伽，讓動作成為舞蹈。所以，呼吸就是運動，動作就是瘦身，你整個人就是性感瘦的靈魂。

現在，再進一步探討精神層面如何來性感瘦。

比方說：眼神，會說話的眼睛，很性感！

英文的「Charisma」是一種化學作用，對於「性感瘦」來說，Charisma就是「神」。神，可以展現個人特色和魅力。

精、氣、神是人之三寶，以精為基礎，加上氣為動能，最後操控在神，由神來掌控。

所以「神」之於性感瘦而言也是非常重要！現在就跟著Vivian老師一同來練習玉兔式，讓自己常保神采飛揚吧！

性感瘦功效

1. 直接或間接刺激松果體、腦下垂體、甲狀腺及副甲狀腺，具有按摩功效。

2. 頭部低於心臟，所以幫助血液倒流至頭部，有助養顏美容，抑制白髮生成速度。

3. 可幫助頭部血液循環，平靜心神，有助眠的功效，並可增強記憶力、預防老人癡呆。

預備動作

兩膝併攏的金剛坐姿，雙手輕放身側，收腹並將脊椎打直，肩頸放鬆。

STEP. *1*

先把氣吐光後，再深吸一口氣，同時延伸頸部前側，頭微微後仰，並感覺胸口上提擴張。

STEP. *2*

有控制地緩慢吐氣，同時像捲壽司般，從頭頂開始，依序收縮下巴、鎖骨、肋骨、腹部，直到眼睛看著肚臍後，把所有的氣吐光。

待氣吐光後，把頭頂輕輕地放在雙膝前，盡量靠近膝蓋。雙手掌張開到最大，緊貼在兩耳旁的地板。雙手掌輕推地板、穩定上半身後，深吸一口氣，將臀部先往天空、再往頭頂的方向，想像呈一圓弧型抬起，同時下巴開始微收，直到氣吸飽，重量放在頭頂往地板下沉。

性感瘦

慢慢吐氣，再次如同捲壽司般，由頭頂開始，想像要將將下巴捲收至氣管深處，但保持肩膀上提，再繼續手推地，提臀拱背加壓，此時會感覺喉嚨深處被擠壓，想像甲狀腺被刺激、按摩。

氣吐完後，保持上半身不動，用收腹的力量帶動下半身，讓臀部坐回腳跟，雙手回到身體兩旁，嬰兒式休息，自然呼吸。

STEP. **6** 進階版：

將雙手在背後反握，往頭頂的方向延伸拉長，可以訓練到後背，
讓後背美美的，可以改善駝背，也可加強頸部更深層的延展。

── *Point*

1.一定要空腹時做 。

2.在軟墊上做，不可在太軟的床鋪或太硬的地板上做。

3.要保持脊椎的穩定，不可左右搖動頭部及頸部。

PART. 6

越來越美
的秘密

One

每天都多愛自己一點
的 lifestyle

我曾經長達9年沒有交男朋友，甚至連手都沒有被牽過，過了適婚年齡許久卻仍單身，原本就有恐婚症，可說是不婚族，也常常自我安慰單身沒什麼不好，並做好心理準備，這輩子小姑獨處過一生。

但人算不如天算，計畫趕不上變化，在因緣際會下，認識了現在論及婚嫁的男友，並陷入熱戀。然而，當相處時間久了，美好的熱戀期結束後，開始進入磨合期，各自真實的那一面及缺點便赤裸裸地呈現出來。而我看似精明能幹又獨立自主的外表下，粗枝大葉又懶散依賴的本性，在感情漸漸穩定下來後，更變本加厲了，心想以前單身時要靠自己打拚，現在有人可以依賴了，就可以放輕鬆些。凡事也變得很不積極，甚至開始邋遢起來，生活重心完全以男友為主，失去人生目標，很沒安全感，有時連一起參加社交活動時，還會莫名其妙地吃醋，一天到晚胡思亂想，心中很不踏實，還無聊到整天玩社群遊戲揮霍光陰。

有次和男友大吵時，他脫口說出：「你變成黃臉婆了！再也不是以前那個充滿活力、光鮮亮麗的你了！」當下真是一語驚醒夢中人，「黃臉婆」三個字如箭穿心，向來以追求美為畢生志向的我，怎會落得此下場？

雖然真相是刺耳、醜陋的，卻是最真實的愛。還好藉著「黃臉婆」三個字敲醒我，讓我及時領悟，愛情是需要空間的，是彼此成長、相互尊重的獨立個體，可以互相依偎，但不過度依賴。於是，我將生活重心調整回自己身上，開始認真教課並創新舞蹈動作，接著用心經營臉書粉絲團，也多多關心身邊的朋友。現階段更專心在寫作上，將日常生活中的點點滴滴化為愛的種子及寶貴的靈感，並呈現在讀者面前。所以我不只是教你如何瘦身，更想要和你分享我如何愛上自己的故事。

因此，本書要傳達的是，「性感瘦」就是愛自己，教你如何把愛的能量存進專屬你的「愛的銀行」裡。你可能會說，我只是個平凡上班族或家庭主婦，也沒有什麼人生目標，更不懂得如何愛自己。我認為，很多女性變得對自己沒有信心，是因為這個社會和傳播媒體不斷地散布一套美的標準，認為紙片人就是美、胸部大才是性感……造成無法達到這個標準的女性無形的壓力，在瘦身失敗後，開始自暴自棄，越減越肥，因而越來越厭惡自己，身心靈日漸被掏空。

「性感瘦」就是要幫助你徹底打破上述的惡性循環，教你如何每天一點一滴地找回自信並養成愛自己的習慣，讓「愛自己」成為全新的生活型態。從今天起，為自己的心靈灌注能量，就能隨時隨地給自己加油打氣。在這裡我想跟大家分享世界知名的「愛之語」（Five Love Languages）：讚美與鼓勵、服務的行動、接受禮物、精心時刻以及愛的抱抱，運用這愛的五種語言，讓自己每天都充滿愛。

1.讚美與鼓勵：每天早上起來時，對著鏡子自我喊話：「我是最棒的！今天又是新的一天。」睡前再檢視一番，成功是開心又感恩的，失敗或挫折時就從中學習。

2.服務的行動：每週固定花些時間，無論是敷個臉，全身去角質，

幫自己按摩，享受一下自我服務。

3.接受禮物：三不五時送自己一個小禮物，犒賞自己一下。

4.精心時刻：把每次出門及用餐，都視為精心時刻，開心且有創意地打扮自己，並充滿喜悅地享受健康飲食。此外，每次運動時，也當作是精心時刻，藉此與自己的身體對話。最重要的是，每天留一些時間寫日記並自我省思，設定未來目標，就能築夢踏實。

5.愛的抱抱：每天泡個澡，不僅能放鬆身心，還能帶來舒適感，還有，睡前別忘了給自己一個大大的擁抱喔！

每天多愛自己一點，每天多多存款在愛的銀行，你就會成為愛的小富婆，就有能力去愛人與享受被愛。祝福你！

Two 自己就是名牌

我最常被學員或朋友們問的問題，除了怎麼變瘦變性感之外，就是時尚穿搭了。

「Vivian老師你的衣服鞋子是在哪裡買的？好好看喔！」「Vivian老師你的造型總是好多變喔！」其實我的時尚從來不需要花大錢喔！只要對自己有信心，不論怎麼穿搭，自己就是名牌！

某年聖誕節，我拿著一個鑲著金鍊的桃紅色晚宴包跑趴，那是在網路上買的，花不到300元的包包，卻被朋友誤以為是名牌包，瞬間CP值暴增200倍，著實讓我得意了一番。還有一次是在台北最時尚的W Hotel舉辦的世界百大DJ秀，我穿了一件十分有設計感的寶藍色小洋裝，當下被姊妹圍繞，眾人露出欣羨的眼光，紛紛問我在哪買的？多少錢買的？我一時興起，就叫大家猜價錢，她們從3000元開始猜起，我要她們再喊低一點，結果一路喊到100元還沒猜到正確答案，於是我得意地笑說，這件「奇葩」是在士林夜市的服飾店清倉大拍賣時花50元買到的寶，她們都驚訝萬分，嘖嘖稱奇！

我並不是說名牌不好或買不起名牌，跑趴或出席宴會的服飾通常只曝光一兩次就不會再穿了，所以選衣服只要款式夠時尚，穿起來艷光照人就好了，根本沒必要花大錢治裝。

過去，我也曾是名牌中毒者，舉凡衣服、鞋子、包包、手表、皮夾都以名牌為指標，現在家中一堆過時的名牌，幾乎可以支付得起小豪宅的頭期款了！而且花了大筆治裝費，並未得到等價的回饋。當時，

身穿名牌的我看起來很老氣，甚至還有些風塵味，花了大錢卻毫無時尚可言，現在回想起來，真是後悔莫及。

近幾年流行韓風，我也積極吸收時尚資訊，培養對流行的敏銳度，無論是創意穿搭、混搭、舊衣新穿……每天都可以從穿衣中帶給自己一些驚喜，成為自己的最佳造型師。也因為朋友的介紹開始試著在網路購物，或是逛逛夜市、路邊攤，找到適合自己的服飾及配件，原來要穿出時尚，真的不用花大錢。

但平心而論，一分錢一分貨，有時網路貨或路邊攤，雖然款式很新潮，但有些衣物的確質料較差、作工較粗糙，所以，我一開始改穿這類衣服時有點掙扎，生怕線頭或車線不佳而被發現是便宜貨會很丟臉。後來因為太常被讚美還有詢問度很高之後，自信心也同時建立起來。所以我現在穿網路貨或路邊攤的衣服，都很開心，不會再畏畏縮縮了。

這時我才領悟到，時尚的最高境界是在於穿衣者本身的價值，而不在於衣物的價格。不過，前提是要先雕塑並維持好身材，才能成為衣架子。另外，美姿美儀也很重要，你的舉手投足也會讓服飾加分，最後再配上優雅的氣質，就是個時尚的質感美人了。

所以，「性感瘦」就是你的時尚救星。開啟性感瘦愛美、愛自己的信念，好好練習書中提供的方法，從調整心態開始，讓性感瘦由內而外幫助你打造好身材、練就美姿美儀、提升時尚敏銳度、蘊涵女性獨特的性感，那麼你就是名牌，就是眾所矚目的明星、名媛，整座城市都是展現你魅力的舞台。

Three

性感瘦
讓我的存款增加了！

乍見這個標題，相信各位心裡一定會浮現大問號，心想，性感瘦竟然能跟理財扯上關係？說實話，這個發現也是大大出乎我意料之外。

回想在 2000 年到 2003 年網路正夯時期，我身兼雙職，白天在網路公司任職專案經理，下班後就到知名健身中心擔任專任老師教授舞蹈，一個月領兩份薪水，月收入 10 多萬元。那時，我把教舞當成一份職業，不同於現在是純粹享受教舞的樂趣，而當時白天的工作多半也是交差了事，每天不停地在網路和教舞工作間盲目打轉。那幾年還特別崇尚名牌，買了部歐洲小跑車 206，逛街都只逛專賣精品的百貨公司，休閒時就到國外度假再繼續血拚，賺得多，花費更多，落入追求物質的無底洞，不僅人老得快，且身心俱疲。

之後網路泡沫化，我首當其衝被裁員，後來那家知名健身中心也歇業了，一下子要面對收入銳減、空閒時間卻大增的大轉變，激發我必須開始寫第二本書的念頭。我知道，人生的大改變是無法避免了，因此，我先讓紛亂的思緒沉澱，並且讓一切歸零、學習調整心態，放下外在煩擾的聲音及人事物，專注在健康瘦身上。我知道唯有以身作則，將每天所面對的挑戰，感同身受記錄下來，才會是對讀者最有效果且可以實現的成功模式。

我常提醒自己，凡事以健康為出發點，追求工作與休閒的整合、物

質與心靈的平衡。單單一個寫書的念頭，讓我將目光焦點回歸健康和美麗後，果不其然有了美妙的成果。

首先，我以感恩的心來教課，也把學員視為好姊妹、好朋友，上課如同聚會開party一般，不只是為運動而運動，不再為跳舞而跳舞，讓學員上起課來更有趣、開心，還能來這裡交到許多好朋友。另外，我也發自內心地關心她們的身體狀況並給予指導。

由於「性感瘦」由心出發的創意教法廣受好評，也讓我廣結善緣，在學員的口耳相傳下，來上課的人變得越來越多了，有時還有人指定要我一對一的舞蹈教學，或是想跟我學習美姿美儀。所以，「性感瘦」除了讓我實質的收入增加之外，還獲得一些妝髮、餐飲、保養品，甚至角膜變色片等的友情贊助，無形中幫我減少許多開銷。

調整心態之後，在食衣住行各方面也都減少很多花費。例如，食的方面：吃得健康、減少聚餐大吃大喝、省下買零食甜點等不必要開支。

衣的方面：不再迷信名牌，節省許多治裝費，也因為實行「性感瘦」讓我回到20幾歲的身材，許多當時買的名牌衣物又可以舊衣新穿。

住的方面：把做家事當成運動，省下健身房會員費。

行的方面：以大眾運輸工具取代開車，節省油資及汽車保養費。

育的方面：以網路資訊代替購買雜誌的費用。

樂的方面：工作就是我的娛樂，如此一來，每天都有好心情，就不需要靠出國度假來散心。

這樣幾年下來，著實省下不少錢。所以，雖然我的收入比以前減少

了一半，但存款卻反而增加了。而且我的體重減輕，整個人看起來神清氣爽，感覺比以前更年輕、更有活力。現在回想起來，「性感瘦」就是從感恩的心出發，拋棄對物質的追求，回歸到身心靈的需要（而非「想要」），過著簡單有創意的生活，並將瘦身運動全面生活化，讓自己變得更健康漂亮，開心過好每一天。由以上我分享的人生經驗來看，「性感瘦」可說是我最棒的理財顧問啊！

Four
性感瘦自拍示範

「性感瘦」要讓你一秒變名模！！

　　無論是學生或臉書好友，都常稱讚我很會擺pose，很會抓角度。有時跟臉書的朋友相認，見到我本人時驚呼，Vivian 老師好小一隻喔！看臉書照片都以為我很高䠆，其實我身高不高，乃是號稱160cm。而之所以會看起來高䠆，「自拍神功」功不可沒，現在趕緊就來分享一下多年來的心得與技巧喔！

讓你瞬間 變瘦變高的超模站姿

首先是站姿的技巧，你若照著性感瘦的方式，可以在視覺上馬上長高10公分、輕盈10公斤。

←三七步站姿

站時採 **37** 步的站法，也就是要將身體七成的重心放在後腳，即支撐腳，進階版甚至可將八成或九成放在後腳。

性
感
瘦

←腳尖

腳尖一定要朝鏡頭的方向無限延伸，腳踝也要延伸打直，腳背要像有穿高跟鞋一樣撐起來。如此，不論是坐或站，都能有無敵筆直長腿了！

←翹翹板原理

右左反差的力量，形成Ｓ型曲線。

例如用側腰的力量延伸，讓左肩往
前往上時，再用側腰內緊縮的力
量，將右肩要往後往下，此時由正
面看起來，或有前突後翹的曲線。

↗三個彎

下半身若是朝右，則小腿到腳尖要
有朝左的力量，而身體軀幹也要朝
相反方向朝右，自然而然讓身體形
成三個彎。

→輕盈的上半身

延伸後側頸部線條之後，讓頭可
以自然地擺左或右，不同角度可
營造不同動人的風情喔！

常有人問我怎麼擺pose，重要的兩點關鍵就在於「放感情」跟「S型」。
「S型」是外顯的，在基本功已經介紹過了！
「放感情」則是內在的，待我慢慢道來……

放感情

我相信絕佳的模特兒跟絕佳的演員一樣，她們的過人之處，不只是在於外在的表象之美，否則，長江後浪推前浪，新生代備出，或是一堆超乎完美之上的人工美女，怎麼抗衡？

所以，拍照時，若能由內而外，發自內心放感情所拍出來的美，會很不一樣。下次拍照試試看「放感情」！

1

愛上自己

你可能會問：該怎麼放感情？好抽象喔！很簡單，就是要先愛上自己。適當的自戀是好的，是很美的一件事，在開啟身體的五感覺知。

在拍照時，被拍者要啟動「觸覺」，讓肢體有生命力。而拍照者要啟動「視覺」來構圖補捉畫面。

我們常聽說，要與鏡頭談戀愛！！！當我們在自拍，是同時兼具被拍及拍照兩種角色，所以，除了一些肢體pose的基本功外，透過愛上自己，放感情就格外重要了！因為你就是你自己的攝影師，你要愛上自己！！

2

道具運用

配合一些飾品配件或物品，例如帽子、眼鏡、項鍊、花草、甜點、玩具、寵物等，可以營造出多樣化甜美、可愛、帥氣、耍酷等各種不同的性感魅力喔！

3

觸電自摸法

愛上自己？聽起來好抽象喔！

所以，我發明了一個「觸電自摸法」來幫助你進入「放感情」。

如何透過身體十個部分重點連拍？秘訣在於提升自己的敏感度，只要是被自己手部所觸碰到的身體各部位，感覺有被電到的感覺，所以會起化學作用，產生美麗性感的反應，就可讓肢體活絡有力，自然展現美麗的曲線美。

性感瘦
魅力加分法

秀髮

你有想到運用頭髮可以來做非常多變化嗎？試試看有時右邊
分或左變分或中分，整個感覺就大不同喔！

1

2

纖纖玉指

手指頭也可以說故事，試著練習讓手指頭也有各種不同的情緒，可以是優雅的、有力量的、可愛的。

3

嘴型

放鬆兩齒之間，不要緊咬雙顎，對著鏡子練習不同程度開嘴的笑法，甚至有時可以歪邊嘴來笑，也練習不同心情的笑，可以嫵媚、可愛、壞壞的。

4

眼神

當你從基本站姿、身體各細部動作，加上臉部表情都準備就位後，最後也是最關鍵的，就要對鏡頭放出最後一擊，眼睛是靈魂之窗，眼神就是照片之焦點。看鏡頭時也要放感情、加情緒進去，看到鏡頭的深處，如同看到自己瞳孔之內的靈魂深處一樣，如此就能找出有生命力同時展現個人特色的性感瘦美照了！

5

展現身材

可以依照當天的穿著或心情，找出最性感的部位，拍照留念。

性感瘦之拍照美學

人景合一

我拍照時，常會因時制宜，依照當時的場地，擺設突發奇想地擺些pose，挑戰自己發揮創意，與場景或家具擺設結合，也常常拍出很有趣、意想不到的有趣鏡頭及畫面，所以在安全第一的原則下，就盡情放心大膽地去拍、去玩吧！透過鏡頭，你會發現不一樣的美麗性感瘦新世界！！

構圖

拍照的構圖也很重要，除了視覺上的美學效果，對於身材比例也會有很大的影響喔！要讓畫面沒有壓迫感，則需要將直式照片的上方約3分之1處留白，攝錄影片時亦同。最後，拍全身照時，攝影師在低處由下往上照，會有拉長的效果喔！

光線

光線也很重要，通常臉要面著光，微仰著頭，可以拍出立體感有層次的美照。拍照最忌諱頂上光，像是日正當中的大太陽，或是從屋頂垂直往下照的光，都是拍照大忌。

8

修圖／拼圖

修圖軟體，經典的美圖秀秀非常好用，可以用的拼圖軟體除了「美圖秀秀」，還會用「拼立得」（instamag）、「海報工廠」（Post labs）。還有「美顏相機」也很好用，真是大救星。

9-1

9-2

9-3

創意

Vivian 常常在跟朋友聚餐時搞失蹤，久了朋友就知道我又在化妝室自拍自 high 了！當四下無人時，鏡子就會是你自拍時的絕妙好幫手，而且有時可以利用鏡中鏡來構圖，變換創意，拍出來效果出奇地好喔！而且會非常開心，覺得自己好有藝術天分，而自鳴得意！

11

10

性感瘦自拍瘦身示範

你有沒有想過，自拍也可以瘦身？這些照片是 Vivian 在各個角落到此一遊的留念，真的在我自拍中，幫助我燃燒了不少熱量，也在自拍時，再次檢視自己的性感瘦美姿美儀，你也試試看吧！！

祝福你越拍越美，自拍大成功。

邊拍邊性感瘦，拍出你的自信，玩得開心喔！

性感瘦・吃的藝術

打開你的五感，啟動性感瘦的光合作用來美美地吃吧！

記得小時候，很愛喝顏色橘死人的色素果汁，還有一些甜死人的巧克力餅乾、甜點、蜜餞、零食等。後來進入健身界，成為舞蹈老師後，學習到許多健康的專業知識，就漸漸脫離人工美食的誘惑。

加上後來研習瑜伽多年，更進一步打開鼻子的敏銳度，能夠透過嗅覺去分辨真與假、天然與人工。很多香味顏色都是「假」的。此後，我經過麵包糕餅店，就再也不會被香味去引誘，而去吃過度加工品。到了超市，也對所有零食都免疫，甚至於嗤之以鼻，完全不會動心。

新鮮草莓美味可口，為何要去吃草莓果醬？蘋果香甜輕脆，為何要去吃蘋果派？

我很愛吃水果，而且吃的時候都在讚嘆造物主怎麼能那個有創意，把水果造得那麼可愛，吃起來滋味又那麼多重？

我是正餐主義者，每天都歡天喜地地迎接正餐時間到來，開心享受我的每一餐。我的正餐是採用3333原則，也就是蔬菜、水果、蛋白質、澱粉類各一份，補充多樣化的營養素。正餐吃得飽，就不會想吃零食喔！！

還有一個「享瘦」的吃法：

1.運動前3小時不吃，才不會造成運動時腹脹、噁心。

2.空腹運動效果好，因為若是吃飽後運動，血液會先流向胃部去消化剛剛所吃的食物，就無法去燃燒脂肪了！

3.運動完兩小時是黃金期，這時吃正餐，可以幫助紅肌（負責持久型運動的肌肉）成長。

最後，分享我所力行的「吃的藝術」！

我是個夢想家，所以我對於吃，也有個異想世界……我常常會想像身體是個工廠，是一輛跑車，或是一棵植物。每當我在吃喝時，如此想像後，就感覺而言，吃對我來說，不再是個動作而已，而是成為藝術，與宇宙合而為一！歡迎你一起加入我吃的夢想國！

1.工廠

若是身體是個工廠，那我們的腦袋就是中控中心，來依照當時我們所見、所聞、所聽的來控制雙腳走向食物，雙手拿取食物，再放入口中，咀嚼後吞嚥。

首先，要開啟「性感瘦」的腦袋，去分辨對身體是否有助益？是想要？還是需要？

常常練習「性感瘦」的腦袋，就可以杜絕及過濾許多垃圾食物，減少不需要的熱量，讓你的工廠也就是你的身體，能輕巧、規律、靈活的為你工作效力喔！

2.跑車

有時我會想像身體是一輛跑車，而且是一輛價值昂貴、極其珍貴的超跑，所以要好好善待保養她，平時加最優質的汽油「正餐」，還要定期給她加添最優質的機油「維他命」，好好顧惜保養她，才能有最優秀的表現。

我們不是垃圾車！！所以，垃圾食物絕不入口，跑車怎麼吃垃圾食物呢？

3.大樹

植物要長得好，需要好的養分、水與光合作用。

所以有時我在用餐時，會在陽光或燈光下邊吃邊感受光線，想像光明透過皮膚，進入我的身體，然後再想像食物在我體內，與亮光進行光合作用，再透過呼吸，想像食物中的營養素轉化為熱量，進入我每個細胞，帶來能量與更新。

我就好像大樹一樣，與光與食物合一，不斷更新，向著陽光成長茁壯，健康的飲食，帶來健康的身心靈。

這就是我「性感瘦」夢想家吃的藝術，歡迎分享你的異想世界喔！

學員、好友心聲

　　美的定義是什麼？是體態容貌、肢體語言，還是由內而外所散發出來的自信與魅力？我覺得都是！因為美是一種態度！

　　透過Vivian的舞蹈，你可以真正了解自己的身體，充分展現自己的性感，你會發現性感無所不在，就存在我們生活之中！

　　Vivian的新書，藉著舞蹈讓每個人重新愛上自己，展現自我魅力！來吧！跟著Vivian一起舞動人生，發現自己的無限可能！

————金融業 人資主管 Kate

　　Vivian老師上課時總是笑咪咪的，每堂課卻總是狠狠操爆我的腰腿啊！除了舞蹈課程外，Vivian老師還不藏私地透露很多小秘訣，在日常生活中就能鍛鍊，應用在拍照時，整體線條都更美了！

————上班族 艾莉兒

還記得第一次上Vivian老師的課時，在台下的我心裡喊著：「天啊！這老師也太美、太性感了，跳舞好好看喔，好想像她一樣！」讓我第一次上課就深深愛上，而且上課的方式輕鬆又有趣，跟著老師跳舞，讓我覺得自己也可以散發迷人自信的風采，下了課又和Vivian老師像朋友一樣親近，天南地北什麼都可以聊。Vivian老師舉手投足間總是能散發一種性感神秘又知性的氣質，我覺得這是與生俱來的，說她是魅力時尚教主真的一點也不為過！

——————空姐 小亞

男人對於「性感」的聯想，不外乎豐滿的胸線、纖細的腰線、微笑的臀線，網路更是瀰漫著噘嘴、擠胸、大面積裸露的風潮。試問，集聚這些特點於一身就是所謂的性感嗎？Vivian老師的書啟發了一種新思維，讓性感成為一種生活態度、一種思想概念，解構性感的主體，讓性感的小分子滲透在日常生活的小細節中。性感，也可以平易近人。

——————中華大學助理教授 詹宜瑩 Lina

有別於一般枯燥乏味的瘦身有氧課程，Vivian老師精心設計的舞蹈姿勢不僅可以充分伸展肢體、改善不良姿勢、展現女性身體的線條美

感，更能有效塑身兼具時尚流行感！運動像是有趣的party，讓我更能持之以恆學習，感謝老師的教導！

———— 攝影師 陳玉蘋 Cindy

認識奕云10年，她的舞蹈動作每每舉手投足間散發著成熟女人的媚，及肢體的美態，讓人了解到舞蹈與美的結合。不過另一面台下的她，就宛若大女孩般的直白可愛，這就是奕云對舞蹈的執著美的想法、性感的展現。

———— 貿易業 Patricia

Vivian老師的舞蹈課程，總會給予我性感無敵、健康、活力和無與倫比的正面能量！

———— Claire

還記得上Vivian老師第一堂性感豔舞課時，內心真是七上八下，後來在短短的三個星期內，半推半就下獻出了第一次的登台處女作表演，而Vivian老師的魔幻魅力就此在我心中深深地發酵。老師總能不吝惜地分享與教導我們，女人該如何展現自信——不論外在體態或是內在的美好，使我有更正確的觀念及健美窈窕的身形，更讓我敢勇於站在鏡子前自信地「騷首弄姿」。

———— Chanel

上Vivian老師的課，讓人覺得自己是舞者，也是美女，感覺超棒的。

———— Susan

一直都想圓一個學會跳舞的夢，總覺得能聽著音樂，就能擺出性感，好美～～感謝神讓我遇到集性感、美麗於一身的Vivian老師，每次上課都是全方位課程，融合了肚皮舞、拉丁、有氧、瑜伽……讓我不受使喚的手腳漸漸地抓住韻律感，僵硬的身體找到平衡感，身體線條更明顯、更纖瘦。不僅如此，還會啟動內心那性感的因子，讓我站在鏡子前，一次比一次更有自信。在老師身上，我學會女人除了愛自己的身體，更要愛自己的心，當自己打從心底有自信地向前時，那身心靈的美麗，耀眼奪目！「性感」一眼瞬間！！

—— 音樂老師 吳靜宜

跟著Vivian老師練舞，讓我體驗三合一功效：不僅身材變緊實，每件裙子都改小了一號，在舉手投足間，用上課堂中教導的小秘訣，讓我開始飄出女人味，還有……老師強調的扭腰擺臀舞步，讓我更加「性」福美滿，「緊緊地」捉住另一半喔～

—— 芷榆

曾經以為性感離我非常遙遠，遇見老師之後，才明白原來性感就在舉手投足之間。老師運用生活中隨手可得的工具，例如椅子等，教我們隨時隨地就可以塑身的簡單動作，不間斷地培植屬於自己的美麗，無時無刻散發性感。原本的習慣性駝背，因為老師的指導，養成時刻提醒自己注意姿態，漸漸地獲得改善，是當初學習性感舞始料未及的收穫，非常謝謝老師，感恩。

—— 庭臻

一開始認識Vivian時，覺得她是位冷艷的美女，碰巧某一次的深聊，才知道我們竟然有相同的信仰，也因著相同的信仰，才看見不一樣的她柔美、良善的一面。喜愛藝術的人，其實都有顆單純的心，只是等待著有人去發掘，在她身上也感受到這份對舞蹈熱愛的純真！

—— 創作歌手 申喬希

國家圖書館出版品預行編目資料

性感瘦：舞蹈名師Vivian教你3週打造蜜桃線＋S曲線／
陳奕云 著.-- 初版 -- 臺北市：方智，2015.06
　　176 面；17×23公分 --（方智好讀；71）

　　ISBN 978-986-175-392-8（平裝）

　　1. 塑身　2. 減重　3. 舞蹈

425.2　　　　　　　　　　　　　　　104006202

Eurasian Publishing Group
圓神出版事業機構
用心與你對話·最好無限寬廣

方智出版社
Fine Press

http://www.booklife.com.tw　　　　　reader@mail.eurasian.com.tw

方智好讀　071

性感瘦： 舞蹈名師 Vivian 教你 3 週打造蜜桃線＋S 曲線

作　　者／陳奕云（Vivian）
出版經紀／廖翊君
攝　　影／謝文創（內文）、謝學榮（DVD）
發 行 人／簡志忠
出 版 者／方智出版社股份有限公司
地　　址／台北市南京東路四段50號6樓之1
電　　話／（02）2579-6600·2579-8800·2570-3939
傳　　真／（02）2579-0338·2577-3220·2570-3636
郵撥帳號／ 13633081　方智出版社股份有限公司
總 編 輯／陳秋月
資深主編／賴良珠
專案企畫／賴真真
責任編輯／柳怡如
美術編輯／林雅錚
行銷企畫／吳幸芳·張鳳儀
印務統籌／劉鳳剛·高榮祥
監　　印／高榮祥
校　　對／賴良珠
排　　版／杜易蓉
經 銷 商／叩應股份有限公司
法律顧問／圓神出版事業機構法律顧問　蕭雄淋律師
印　　刷／國碩印前科技股份有限公司
2015年6月　初版

定價 380 元　　　　　ISBN 978-986-175-392-8

歡迎進入性感瘦的世界！
這片DVD收錄了性感的暖身、熱情的拉丁、夜店風的翹臀舞，
還有讓你全身瘦的椅子舞！現在就跟著舞動出你的性感魅力吧！

DVD內容介紹

1.性感瘦暖身舞 講解版 舞動版

2.拉丁小蠻腰舞 講解版 舞動版

3.蜜桃線翹臀舞 講解版 舞動版

4.人魚線椅子舞 講解版 舞動版

5.上半身美人曲線舞

注意事項

1.輕便合身、能展現身材曲線的衣服為佳，
　並穿上舒適安全的有氧運動鞋。
　待動作熟練後，選擇穩定性高的高跟鞋，
　可讓自己更性感喔！

2.選擇木質地板，勿在大理石或
　水泥地上舞動，以保護膝蓋。

3.勿飽食運動，並適時補充水份，
　才能越動越美喔！

特別感謝

摩曼頓Nike敦南店・Xfitness專屬攝影棚　　X-fitness 艾克斯體適能
TOUCH AERO® TOUCH AERO塔奇艾羅實業有限公司
文化大學推廣教育部
私房照攝影　吳凡David Wu・郭慧玲Adllen Kao
妝髮　日系髮型彩妝師Tomoko（內文）・許馥薇Belle（DVD）・李蓉Lisa美甲

憑券至以下百貨 TOUCH AERO. 專櫃使用：

台北　SOGO 百貨忠孝店 10 樓　｜　SOGO 百貨天母店 7 樓　｜　新光三越百貨站前店 11 樓

新竹　SOGO 遠東巨城百貨 4 樓　｜　台中　新光三越百貨中港店 12 樓　｜　高雄　SOGO 百貨高雄店 9 樓

貴賓姓名：　　　　　　　　性別：　　　　E-MAIL：

生日：　　年　　月　　日　聯絡電話：

行動電話：

聯絡地址：

注意事項：此券系 **TOUCH AERO.** 公司贈送，不具金金價值，每人每次消費限用一張。消費額超過面值，
請以現金或信用卡支付不足金額。本券如經塗改影印，將一律無效。此券不可再參與其他特惠商品及其他優惠使用。

綠色環保瑜伽鋪巾 市價 $899

綠色收納雙肩背包 市價 $899

黃色圓筒折疊運動包 市價 $799

有氧粉彩貼身中褲 市價 $1780